武汉市财政学校课程训练体系丛书

# 计算机应用基础
# 课程训练

李华风　吴　静 ◎主编



中国财经出版传媒集团
中国财政经济出版社

**图书在版编目（CIP）数据**

计算机应用基础课程训练／李华凤，吴静主编．—北京：中国财政经济出版社，2019.1

（武汉市财政学校课程训练体系丛书）

ISBN 978－7－5095－8796－6

Ⅰ.①计…　Ⅱ.①李…　②吴…　Ⅲ.①计算机课－中等专业学校－习题集－升学参考资料　Ⅳ.①G634.675

中国版本图书馆 CIP 数据核字（2019）第 013216 号

责任编辑：张　军　　　　　　责任校对：胡永立

封面设计：育林华夏

**内容提要**

本书是根据教育部颁布的《中等职业学校计算机应用基础教学大纲》，结合湖北省 2018 年最新公布的《2019 年湖北省普通高等学校招收中职毕业生技能高考计算机类考试大纲》的要求，以高等教育出版社出版的中等职业教育课程改革国家“十二五”规划教材《计算机应用基础》为蓝本，以章节教学目标为依据，严格遵从大纲的要求，以巩固和提高学生的基本知识和基本技能为目标的习题选编。

本书内容包括：计算机基础知识，Windows7 操作系统的使用，Internet 应用、文字处理软件应用、电子表格处理软件应用、多媒体软件应用和演示文稿软件应用。按照教材的章节顺序，以节为单位进行编写。每章前面配有知识结构框图和学习要求，每节练习题分为选择题、填空题和解答题等多种题型，还标明了难度系数。

本书可供中等职业学校的教师和学生使用。

中国财政经济出版社 出版

**URL**：http：//www.cfeph.cn

E－mail：cfeph@cfeph.cn



社址：北京市海淀区阜成路甲 28 号　邮政编码：100142

营销中心电话：010－88191537

北京密兴印刷有限公司印装　各地新华书店经销

787×1092 毫米　16 开　10.25 印张　247 000 字

2019 年 1 月第 1 版　2021 年 7 月北京第 2 次印刷

定价：28.00 元

ISBN 978－7－5095－8796－6

（图书出现印装问题，本社负责调换）

本社质量投诉电话：010－88190744

**打击盗版举报热线：010－88191661　QQ：2242791300**

# 前言

本书以教育部颁布的《中等职业学校计算机应用基础教学大纲》（简称大纲）和《2019 年湖北省普通高等学校招收中职毕业生技能高考计算机类考试大纲》（简称考纲）的要求为依据，以高等教育出版社出版的中等职业教育课程改革国家“十二五”规划新教材《计算机应用基础》为蓝本编写的习题选编。

本书紧扣大纲和考纲的要求，注重中职学生的认知规律，吸收中职计算机教学经验；注重概念的理解、知识的运用；突出职业特色，注重基础性，弱化推理论证，强调应用能力。编写内容起点低、坡度缓，既符合大纲和考纲的要求，又能满足各个层次学生的需要。

本书按章节顺序编写，与高等教育出版社出版的中等职业教育课程改革国家规划新教材《计算机应用基础》同步，以知识点为单位编写，每一个知识点选取了适量习题，还标明了难度系数，以适应不同层次水平的学生练习。每章前面都配有知识结构框图，帮助学生建立整个知识结构体系。

本书是由武汉市财政学校的教学一线教师编写，李华风、吴静担任主编，参加编写的有屈静、梅苹、褚伟、曲俊红、李建宏、汪柏洲、吴启明和朱婉吟。

用书学校任课老师若需要本书的答案，请以电子邮件的形式向中国财政经济出版社索取（请注明：学校、全书名、版次），E－mail：caijingjiaocai@163. com。

本书在编写过程中得到了武汉市财政学校领导的关怀与指导以及教务科、各专业教研室的大力支持，在此一并表示感谢。

由于编者水平有限，加之编写时间仓促，书中难免有不妥之处，恳请广大读者批评指正。

编　者

2018 年 12 月

# 目录

# 第 1 章　微型计算机使用基础

## 知识结构框图

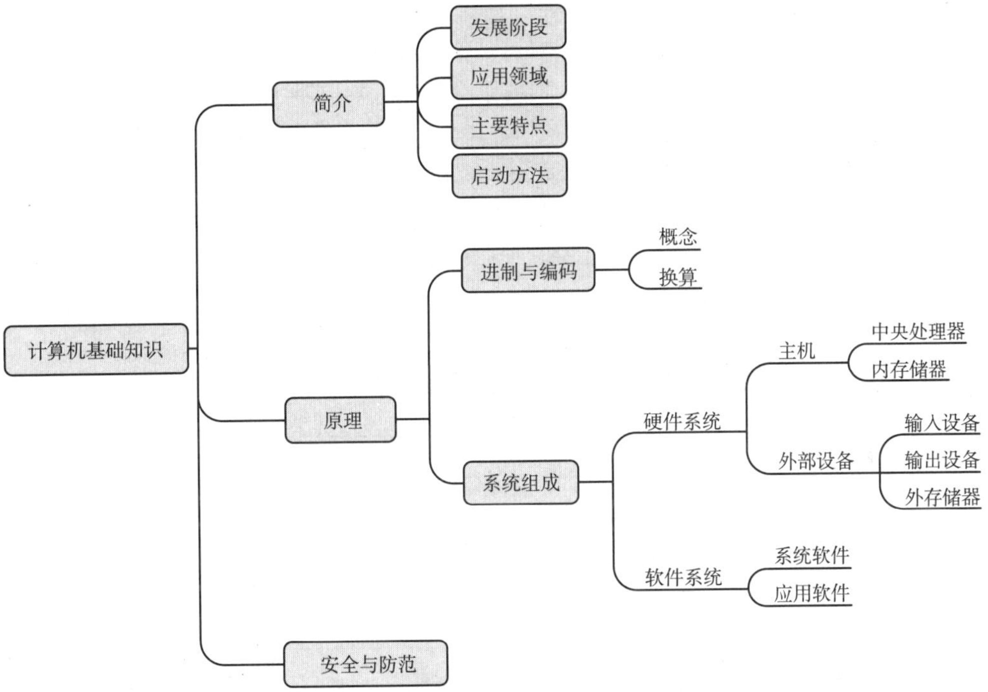


## 知识点及学习要求

| 知　识　点 | 学习要求 | | | |
|---|---|---|---|---|
| | 知识要求 | | 操作要求 | |
| | 了解 | 掌握 | 会 | 熟练 |
| **第 1 章　微型计算机使用基础** | | | | |
| **1.1**　计算机的发展阶段 | √ | | | |
| **1.2**　计算机的应用领域 | √ | | | |
| **1.3**　计算机的主要特点 | √ | | | |

续表

| 知识点 | 学习要求 | | | |
| --- | --- | --- | --- | --- |
| | 知识要求 | | 操作要求 | |
| | 了解 | 掌握 | 会 | 熟练 |
| **1.4 微型计算机的启动方法** | | | | √ |
| **1.5 计算机的组成介绍** | | | | |
| 1.5.1 计算机系统的组成 | | √ | | |
| 1.5.2 计算机硬件系统的组成 | | √ | | |
| 1.5.3 计算机软件系统的组成 | | √ | | |
| 1.5.4 操作系统的类型 | | √ | | |
| 1.5.5 操作系统的基本功能 | √ | | | |
| 1.5.6 计算机基本硬件设备的作用 | √ | | | |
| **1.6 数制的认识** | | | | |
| 1.6.1 基本概念 | √ | | | |
| 1.6.2 数制间的转换（以二、十进制转换为主） | √ | | | |
| **1.7 数据编码** | √ | | | |
| **1.8 键盘上常用键的功能** | | √ | | √ |
| **1.9 鼠标的功能** | | √ | | √ |
| **1.10 计算机病毒** | | | | |
| 1.10.1 计算机病毒的概念 | √ | | | |
| 1.10.2 计算机病毒的特征 | √ | | | |
| 1.10.3 计算机病毒的危害 | √ | | | |
| 1.10.4 常见病毒的症状 | √ | | | |
| 1.10.5 计算机病毒的发展 | √ | | | |
| 1.10.6 计算机病毒的分类 | √ | | | |
| 1.10.7 计算机病毒的主要传播途径 | √ | | | |
| 1.10.8 计算机病毒的检测与预防 | √ | | | |
| 1.10.9 常见防毒软件简介 | √ | | | |
| 1.10.10 杀毒软件的安装（提供安装程序） | | | | √ |

# 1.1 计算机的发展阶段

## 知识点 1.1.1 电子计算机诞生的年代

**选择题 1.** （3 分，难度系数 0.9）

世界上公认的第一台电子计算机诞生的年代是（　　）。

A. 20 世纪 30 年代　　B. 20 世纪 40 年代
C. 20 世纪 80 年代　　D. 20 世纪 90 年代

**选择题 2.**（3 分，难度系数 0.9）
世界上第一台电子计算机诞生于（　　）年。
A. 1939　　B. 1946　　C. 1952　　D. 1958

**选择题 3.**（3 分，难度系数 0.75）
世界上诞生的第一台电子数字计算机名叫（　　）。
A. ENIAC　　B. EVIAC　　C. EDVAC　　D. MARK－2

## 知识点 1.1.2　电子计算机划代的依据

**选择题 1.**（3 分，难度系数 0.75）
计算机从其诞生至今已经经历了四个时代，这种对计算机划分时代的原则是根据（　　）。
A. 计算机所采用的电子器件（即逻辑元件）
B. 计算机的运算速度
C. 程序设计语言
D. 计算机的存储量

**选择题 2.**（3 分，难度系数 0.9）
计算机采用的逻辑元件的发展顺序是（　　）。
A. 晶体管、电子管、集成电路、大规模集成电路
B. 电子管、晶体管、集成电路、大规模集成电路
C. 晶体管、电子管、集成电路、芯片
D. 电子管、晶体管、集成电路、芯片

**选择题 3.**（3 分，难度系数 0.6）
下列不属于第二代计算机特点的一项是（　　）。
A. 采用电子管作为逻辑元件
B. 主存储器主要采用磁芯，辅助存储器主要采用磁盘和磁带
C. 运算速度从每秒几万次提高到几十次，主存储器容量扩展到几十万字节
D. 出现操作系统，开始使用汇编语言和高级语言

## 知识点 1.1.3　微型计算机的发展

**选择题 1.**（3 分，难度系数 0.75）
微型计算机诞生于（　　）。
A. 第一代计算机时期　　B. 第二代计算机时期

C. 第三代计算机时期　　D. 第四代计算机时期

**选择题 2.** (3 分，难度系数 0.75)

现代微机采用的主要元件是（　　）。

A. 电子管　　B. 晶体管

C. 中小规模集成电路　　D. 大规模、超大规模集成电路

**选择题 3.** (3 分，难度系数 0.6)

新一代计算机是指（　　）。

A. 奔腾 4 系列　　B. 人工智能计算机

C. 工作站　　D. 多媒体计算机

## 1.2　计算机的应用领域

**选择题 1.** (3 分，难度系数 0.75)

化工厂中用计算机系统控制物料配比、温度调节、阀门开关的应用属于（　　）。

A. 过程控制　　B. 数据处理

C. 科学计算　　D. CAD/CAM

**选择题 2.** (3 分，难度系数 0.6)

不属于计算机数据处理的应用是（　　）。

A. 管理信息系统　　B. 实时控制

C. 办公自动化　　D. 决策支持系统

**选择题 3.** (3 分，难度系数 0.6)

1959 年 IBM 公司的塞缪尔（A. M. Samuel）编制了一个具有自学能力的跳棋程序，这属于计算机在（　　）方面的应用。

A. 过程控制　　B. 数据处理

C. 计算机科学计算　　D. 人工智能

## 1.3　计算机的主要特点

**选择题 1.** (3 分，难度系数 0.75)

世界上最先实现程序存储的计算机是（　　）。

A. ENIAC　　B. EDSAC　　C. EDVAC　　D. UNIVAC

**选择题 2.** (3 分，难度系数 0.75)

计算机最主要的工作特点是（　　）。

A. 有记忆能力　　B. 高精度与高速度

C. 可靠性与可用性　　D. 存储程序与自动控制

**选择题 3.**（3 分，难度系数 0.9）

计算机中采用二进制，因为（　　）。

A. 可以降低硬件成本　　B. 两个状态的系统具有稳定性能

C. 二进制的运算法则简单　　D. 上述三条都正确

## 1.4　微型计算机的启动方法

**选择题 1.**（3 分，难度系数 0.9）

计算机在开机时会进行自检，遇到（　　）不存在或者错误时，计算机仍然会正常开机。

A. 硬盘　　B. 主板　　C. 鼠标　　D. 内存

**选择题 2.**（3 分，难度系数 0.75）

计算机的热启动可通过（　　）实现。

A. 按键盘上的 <Ctrl> 键

B. 同时按键盘上的 <Ctrl> + <Alt> + <Shift> 键

C. 按主机箱面板上的 <Reset> 键

D. 按两次主机箱面板上的 <Power> 键

**选择题 3.**（3 分，难度系数 0.75）

计算机可通过哪几种方式启动操作系统（　　）。

A. 主机硬盘、光盘、U 盘　　B. 主机硬盘、键盘、移动硬盘

C. 光盘、U 盘、鼠标　　D. 移动硬盘、键盘、软盘

## 1.5　计算机的组成介绍

### 知识点 1.5.1　计算机系统的组成

**选择题 1.**（3 分，难度系数 0.75）

一个完整计算机系统的组成部分的确切提法应该是（　　）。

A. 计算机主机、键盘、显示器和软件　　B. 计算机硬件和应用软件

C. 计算机硬件和系统软件　　D. 计算机硬件和软件

**选择题 2.**（3 分，难度系数 0.75）

计算机系统由（　　）组成。

A. 主机和系统软件　　B. 硬件系统和应用软件

C. 硬件系统和软件系统　　D. 微处理器和软件系统

**选择题 3.** （3 分，难度系数 0.75）

计算机之所以能够实现连续运算，是由于采用了（　　）的工作原理。

A. 布尔逻辑　B. 存储程序　C. 数字电路　D. 集成电路

## 知识点 1.5.2　计算机硬件系统的组成

**选择题 1.** （3 分，难度系数 0.75）

构成 CPU 的主要部件是（　　）。

A. 内存和控制器　B. 内存和运算器

C. 控制器和运算器　D. 内存、控制器和运算器

**选择题 2.** （3 分，难度系数 0.9）

一般计算机硬件系统的主要组成部件有五大部分，下列选项中不属于这五大部分的是（　　）。

A. 运算器　B. 软件

C. 输入设备和输出设备　D. 控制器

**选择题 3.** （3 分，难度系数 0.9）

组成微型计算机主机的硬件除 CPU 外，还有（　　）。

A. RAM　B. RAM、ROM 和硬盘

C. RAM 和 ROM　D. 硬盘和显示器

## 知识点 1.5.3　计算机软件系统的组成

**选择题 1.** （3 分，难度系数 0.6）

计算机软件的确切含义是（　　）。

A. 计算机程序、数据与相应文档的总称

B. 系统软件与应用软件的总和

C. 操作系统、数据库管理软件与应用软件的总和

D. 各类应用软件的总称

**选择题 2.** （3 分，难度系数 0.75）

下列各组软件中，全部属于应用软件的是（　　）。

A. 程序语言处理程序、数据库管理系统、财务处理软件

B. 文字处理程序、编辑程序、Unix 操作系统

C. 管理信息系统、办公自动化系统、电子商务软件

D. Word 2010、Windows XP、指挥信息系统

**选择题 3.** （3 分，难度系数 0.75）

下列关于系统软件的 4 条叙述中，正确的一条是（　　）。

A. 系统软件与具体应用领域无关
B. 系统软件与具体硬件逻辑功能无关
C. 系统软件是在应用软件基础上开发的
D. 系统软件并不具体提供人机界面

## 知识点 1.5.4　操作系统的类型

**选择题 1.** （3 分，难度系数 0.75）
当前微机上运行的 Windows 操作系统属于（　　）。
A. 批处理操作系统　　B. 单任务操作系统
C. 多任务操作系统　　D. 分时操作系统
**选择题 2.** （3 分，难度系数 0.6）
在中大型计算机上运行的 Unix 操作系统属于（　　）。
A. 批处理操作系统　　B. 单任务操作系统
C. 多任务操作系统　　D. 分时操作系统
**选择题 3.** （3 分，难度系数 0.9）
LINUX 是一种（　　）。
A. 数据库管理系统　　B. 微机操作系统
C. 字处理系统　　D. 鼠标器驱动程序

## 知识点 1.5.5　操作系统的基本功能

**选择题 1.** （3 分，难度系数 0.75）
计算机操作系统的主要功能是（　　）。
A. 管理计算机系统的软硬件资源，以充分发挥计算机资源的效率，并为其他软件提供良好的运行环境
B. 把高级程序设计语言和汇编语言编写的程序翻译为计算机硬件可以直接执行的目标程序，为用户提供良好的软件开发环境
C. 对各类计算机文件进行有效的管理，并提交计算机硬件高效处理
D. 使用户方便地操作和使用计算机
**选择题 2.** （3 分，难度系数 0.75）
操作系统的功能是（　　）。
A. 将源程序编译成目标程序
B. 负责诊断计算机的故障
C. 控制和管理计算机系统的各种硬件和软件资源的使用
D. 负责外设与主机之间的信息交换

**选择题 3.** （3 分，难度系数 0.9）

操作系统是计算机系统中的（　　）。

A. 核心系统软件　　B. 关键的硬件部件

C. 广泛使用的应用软件　　D. 外部设备

### 知识点 1.5.6　计算机基本硬件设备的作用

**选择题 1.** （3 分，难度系数 0.75）

运算器的主要功能是（　　）。

A. 实现算术运算和逻辑运算

B. 保存各种指令信息供系统其他部件使用

C. 分析指令并进行译码

D. 按主频指标规定发出时钟脉冲

**选择题 2.** （3 分，难度系数 0.9）

一般通过（　　）连接计算机系统结构的五大组成部件。

A. 适配器　　B. 电缆　　C. 中继器　　D. 总线

**选择题 3.** （3 分，难度系数 0.9）

断电会使原来存储的信息丢失的存储器是（　　）。

A. 半导体 RAM　　B. 硬盘　　C. ROM　　D. 软盘

## 1.6　数制的认识

### 知识点 1.6.1　基本概念

**选择题 1.** （3 分，难度系数 0.6）

若在一个非零无符号二进制整数右边加 1 个零形成一个新的数，则数的值是原数值的（　　）。

A. 四倍　　B. 两倍　　C. 1/4　　D. 1/2

**选择题 2.** （3 分，难度系数 0.9）

计算机中数据的表示形式是（　　）。

A. 二进制　　B. 八进制　　C. 十进制　　D. 十六进制

**选择题 3.** （3 分，难度系数 0.75）

计算机中，一个浮点数由两部分组成，它们是（　　）。

A. 阶码和尾数　　B. 基数和尾数

C. 阶码和基数　　D. 整数和小数

### 知识点 1.6.2 数据间的转换（以二进制、十进制转换为主）

**选择题 1.**（3 分，难度系数 0.75）
一个字长为 7 位的无符号二进制整数能表示的十进制数值范围是（　　）。
A. 0 ~ 256　　B. 0 ~ 255　　C. 0 ~ 128　　D. 0 ~ 127

**选择题 2.**（3 分，难度系数 0.6）
与十进制数 254D 等值的二进制数是（　　）。
A. 11111110B　　B. 11101111B　　C. 11111011B　　D. 11101110B

**选择题 3.**（3 分，难度系数 0.75）
下列 4 个无符号十进制整数中，能用 8 个二进制位表示的是（　　）。
A. 257　　B. 201　　C. 313　　D. 296

## 1.7 数据编码

### 知识点 1.7.1 ASCⅡ码的大小

**选择题 1.**（3 分，难度系数 0.9）
在微机中，ASCⅡ码常用于表示（　　）。
A. 西文、汉字混合编码　　B. 西文字符
C. 汉字编码　　D. 以上答案者不对

**选择题 2.**（3 分，难度系数 0.75）
下列字符中，ASCⅡ码值最小的是（　　）。
A. a　　B. A　　C. x　　D. Y

**选择题 3.**（3 分，难度系数 0.75）
标准 ASCⅡ码是一种（　　）位二进制编码。
A. 6　　B. 7　　C. 8　　D. 9

### 知识点 1.7.2 汉字编码

**选择题 1.**（3 分，难度系数 0.9）
汉字国标码在两个字节中各占用（　　）位二进制编码。
A. 6　　B. 7　　C. 8　　D. 9

**选择题 2.**（3 分，难度系数 0.9）
汉字在计算机内的表示方法一定是（　　）。
A. 国标码　　B. 机内码

C. 字形码　　　　D. ASCⅡ码

**选择题 3.** (3 分，难度系数 0.75)

400 个 24×24 点阵汉字的字形库存储容量是（　　）。

A. 28 800 个字节　　　　B. 0.23604M 个二进制位

C. 0.8K 个字节　　　　D. 288 个二进制位

## 1.8　键盘上常用键的功能

**选择题 1.** (3 分，难度系数 0.9)

要输入键盘上的双字符键上面的字符，必须先按下（　　）键。

A. Ctrl　　B. Alt　　C. Shift　　D. Tab

**选择题 2.** (3 分，难度系数 0.9)

具备删除字符功能的键有（　　）。

A. Ctrl、Backspace　　　　B. Backspace、Delete

C. Insert、Delete　　　　D. Home、End

**选择题 3.** (3 分，难度系数 0.75)

下面哪组按键都有移动光标（插入点）的功能（　　）。

A. →、↑、PageUp、Delete　　　　B. Home、End、PageUp、PageDown

C. Insert、Delete、Home、End　　　　D. ←、↓、NumLock、CapsLock

## 1.9　鼠标的功能

**选择题 1.** (3 分，难度系数 0.9)

通常下面鼠标的操作没有作用的是（　　）。

A. 单击　　B. 双击　　C. 三击　　D. 四击

**选择题 2.** (3 分，难度系数 0.75)

下面关于鼠标指针错误的说法是（　　）。

A. 鼠标指针是固定不变的

B. 鼠标指针在不同的应用程序中会根据不同的状态改变形状

C. 鼠标指针的形状可以在 Windows 系统中的“控制面板”中重新设置

D. 鼠标指针的不同形状表现了当前程序的不同运行状态

**选择题 3.** (3 分，难度系数 0.6)

如果使用自定义的鼠标指针，则必须加载下面两种类型的文件（　　）。

A. *.ani 和 *.bmp　　　　B. *.jpg 和 *.cur

C. *.ani 和 *.cur　　　　D. *.png 和 *.bmp

# 1.10 计算机病毒

## 知识点 1.10.1 计算机病毒的概念

**选择题 1.**（3 分，难度系数 0.75）

计算机病毒是指（　　）。

A. 编制有错误的计算机程序　　B. 设计不完善的计算机程序

C. 计算机的程序已被破坏　　D. 以系统为目的的特殊的计算机程序

**选择题 2.**（3 分，难度系数 0.75）

计算机病毒是指（　　）。

A. 编译出现错误的计算机程序

B. 设计不完善的计算机程序

C. 遭到人为破坏的计算机程序

D. 以危害计算机软硬件系统为目的设计的计算机程序

**选择题 3.**（3 分，难度系数 0.75）

下列关于计算机病毒的说法中，正确的是（　　）。

A. 计算机病毒是对计算机操作人员身体有害的生物病毒

B. 计算机病毒发作后，将造成计算机硬件永久性的物理损坏

C. 计算机病毒是一种通过自我复制进行传染的、破坏计算机程序和数据的小程序

D. 计算机病毒是一种有逻辑错误的程序

## 知识点 1.10.2 计算机病毒的特征

**选择题 1.**（3 分，难度系数 0.75）

下列选项中，不属于计算机病毒特征的是（　　）。

A. 破坏性　　B. 潜伏性　　C. 传染性　　D. 免疫性

**选择题 2.**（3 分，难度系数 0.75）

下列关于计算机病毒的叙述中，错误的是（　　）。

A. 计算机病毒具有潜伏性

B. 计算机病毒具有传染性

C. 感染过计算机病毒的计算机具有对该病毒的免疫性

D. 计算机病毒是一个特殊的寄生程序

**选择题 3.**（3 分，难度系数 0.75）

下面是关于计算机病毒的 4 条叙述，正确的一条是（　　）。

A. 严禁在计算机上玩游戏是预防计算机病毒侵入的唯一措施

B. 计算机病毒是一种人为编制的特殊程序，会使计算机系统不能正常运转

C. 计算机病毒只能破坏磁盘上的程序和数据

D. 计算机病毒只破坏内存中的程序和数据

## 知识点 1.10.3　计算机病毒的危害

**选择题 1.**（3 分，难度系数 0.75）

计算机病毒主要造成（　　）的损坏。

A. 软盘　　B. 磁盘驱动器　　C. 硬盘　　D. 程序和数据

**选择题 2.**（3 分，难度系数 0.75）

计算机病毒是可以造成机器故障的（　　）。

A. 一种计算机设备　　B. 一种计算机芯片

C. 一种计算机部件　　D. 一种计算机程序

**选择题 3.**（3 分，难度系数 0.75）

造成计算机中存储数据丢失的原因主要是（　　）。

A. 病毒侵蚀、人为窃取　　B. 计算机电磁辐射

C. 计算机存储器硬件损坏　　D. 以上全部

## 知识点 1.10.4　常见病毒的症状

**选择题 1.**（3 分，难度系数 0.75）

下面哪个迹象最不可能是由感染了计算机病毒导致？（　　）。

A. 开机后微型计算机系统内存空间明显变小

B. 开机后微型计算机电源指示灯不亮

C. 文件的日期时间值被修改成新近的日期或时间（用户自己并没有修改）

D. 显示器出现一些莫名其妙的信息和异常现象

**选择题 2.**（3 分，难度系数 0.6）

下面现象描述中，有病毒症状的描述有（　　）。

①平时运行好端端的电脑，却变得迟钝起来，反应缓慢，出现蓝屏甚至死机

②可执行程序文件的大小改变了

③从同学那里借来的 U 盘插入 USB 接口后，系统不认

④系统内存或硬盘的容量突然无故大幅减少

A. ①②③　　B. ①②④　　C. ②③④　　D. ①③④

**选择题 3.**（3 分，难度系数 0.75）

下面哪个迹象最可能表明感染了计算机病毒（　　）。

A. 开机后微型计算机电源指示灯不亮

B. 开机后键盘没有反应
C. 开机后出现陌生的声音、画面或提示信息，以及不寻常的错误信息或乱码
D. 开机后鼠标指针不能动

## 知识点 1.10.5　计算机病毒的发展

**选择题 1.**（3 分，难度系数 0.75）
下面哪些是计算机病毒的发展趋势（　　）。
①网络化　②人性化　③多样化　④隐蔽化　⑤平民化　⑥大型化
A. ①②③④⑤⑥　　B. ①③④　　C. ①②③④⑤　　D. ①②⑤⑥
**选择题 2.**（3 分，难度系数 0.75）
计算机病毒的发展趋势中的人性化是指（　　）。
A. 病毒编制者充分利用了心理学的知识，注重针对人类的心理如好奇、贪婪等人性特征吸引人们运行病毒程序或打开含有病毒的邮件
B. 计算机病毒会给你人性化的提示，使你避免中毒
C. 计算机病毒会给你人性化的提示，使你一步步掉入病毒的陷阱
D. 计算机病毒会充分分析你的习惯，使你更方便地使用计算机
**选择题 3.**（3 分，难度系数 0.75）
计算机病毒发展趋势中的平民化是指（　　）。
A. 每个人都可以从无到有地编制计算机病毒
B. 计算机病毒会影响包括普通百姓在内的所有人
C. 防范计算机病毒就像使用普通电器一样，所有人都能掌握
D. 由于病毒生成工具的普及，病毒编制的难度大大降低，甚至连小学生都可以编制计算机病毒

## 知识点 1.10.6　计算机病毒的分类

**选择题 1.**（3 分，难度系数 0.75）
蠕虫病毒属于（　　）。
A. 宏病毒　　B. 网络病毒　　C. 混合型病毒　　D. 文件型病毒
**选择题 2.**（3 分，难度系数 0.75）
相对而言，下列类型的文件中，不易感染病毒的是（　　）文件。
A. *.txt　　B. *.doc　　C. *.com　　D. *.exe
**选择题 3.**（3 分，难度系数 0.75）
哪种类型的计算机病毒只感染 Microsoft Office 文件（　　）。
A. 引导区病毒　　B. 特洛伊木马病毒　　C. 蠕虫病毒　　D. 宏病毒

## 知识点 1.10.7　计算机病毒的几种主要传播途径

**选择题 1.** （3 分，难度系数 0.75）

（　　）是目前网上传播病毒的主要途径，此外，下载文件也存在病毒入侵的可能。

A. 网上聊天　　B. 浏览网页　　C. 电子邮件　　D. 在线电影

**选择题 2.** （3 分，难度系数 0.75）

下面哪些是计算机病毒的传播途径（　　）。

①在不同计算机间共用 U 盘　②通过连接计算机的电话线打电话

③使用从正版软件商处购得的光盘　④下载陌生人传递的邮件附件

A. ①②③④　　B. ①④　　C. ②③　　D. ①②

**选择题 3.** （3 分，难度系数 0.75）

下面哪些不是计算机病毒的传播途径（　　）。

①在不同计算机间共用 U 盘　②通过连接计算机的电话线打电话

③使用从正版软件商处购得的光盘　④下载陌生人传递的邮件附件

A. ①②③④　　B. ①④　　C. ②③　　D. ①②

## 知识点 1.10.8　计算机病毒的检测与预防

**选择题 1.** （3 分，难度系数 0.75）

防范病毒的有效手段，不正确的是（　　）。

A. 不要将软盘随便借给他人使用，以免感染病毒

B. 对执行重要工作的计算机要专机专用，专人专用

C. 经常对系统的重要文件进行备份，以备在系统遭受病毒侵害、造成破坏时能从备份中恢复

D. 只要安装微型计算机的病毒防范卡，或病毒防火墙，就可对所有的病毒进行防范

**选择题 2.** （3 分，难度系数 0.75）

为了防止已存有信息的软盘被感染病毒，应采取的措施是（　　）。

A. 保持 U 盘清洁

B. 对具有保护功能的 U 盘进行写保护

C. 不要将有病毒的 U 盘与无病毒的 U 盘放在一起

D. 定期格式化 U 盘

**选择题 3.** （3 分，难度系数 0.75）

对待计算机软件正确的态度是（　　）。

A. 计算机软件不需要维护

B. 计算机软件只要能复制得到就不必购买

C. 受法律保护的计算机软件不能随便复制
D. 计算机软件不必有备份

## 知识点 1.10.9 常用防毒软件简介

**选择题 1.** （3 分，难度系数 0.75）
目前使用的防杀病毒软件的作用是（ ）。
A. 检查计算机是否感染病毒，清除已感染的任何病毒
B. 杜绝病毒对计算机的侵害
C. 检查计算机是否感染病毒，清除部分已感染的病毒
D. 查出已感染的任何病毒，清除部分已感染的病毒

**选择题 2.** （3 分，难度系数 0.9）
下列软件中，不属于杀毒软件的是（ ）。
A. 金山毒霸
B. 360 杀毒
C. 卡巴斯基
D. Outlook Express

**选择题 3.** （3 分，难度系数 0.75）
下列软件中，属于杀毒软件的是（ ）。
A. LightRoom
B. FIFA2014
C. Avira AntiVir Personal（小红伞）
D. MAYA

# 第 2 章　Internet 应用

## 知识结构框图

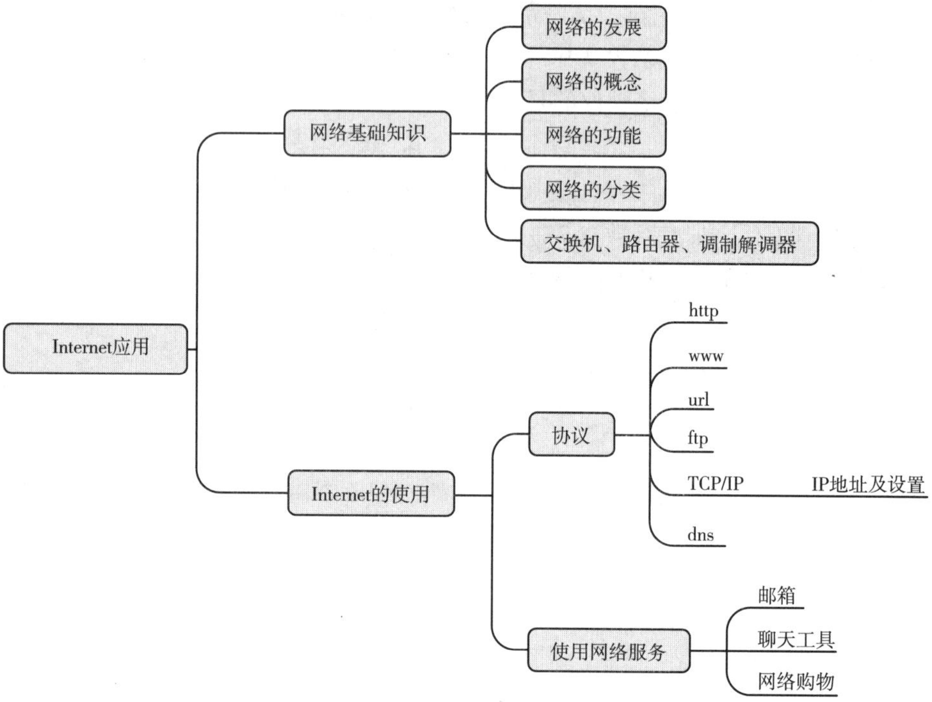


## 知识点及学习要求

| 知　识　点 | 学习要求 | | | |
|---|---|---|---|---|
| | 知识要求 | | 操作要求 | |
| | 了解 | 掌握 | 会 | 熟练 |
| **第 2 章　Internet 应用** | | | | |
| **2.1　计算机网络** | | | | |
| 2.1.1　计算机网络的发展 | √ | | | |
| 2.1.2　计算机网络的概念 | √ | | | |

续表

| 知 识 点 | 学习要求 | | | |
|---|---|---|---|---|
| | 知识要求 | | 操作要求 | |
| | 了解 | 掌握 | 会 | 熟练 |
| 2.1.3 计算机网络的功能 | √ | | | |
| 2.1.4 计算机网络的分类 | √ | | | |
| **2.2 Internet 应用** | | | | |
| 2.2.1 Internet 概述 | √ | | | |
| 2.2.2 Internet 的主要功能 | √ | | | |
| 2.2.3 上网所需的协议：TCP/IP | √ | | | |
| 2.2.4 IP 地址及设置 | | √ | | √ |
| 2.2.5 DNS 及域名设置 | | √ | | √ |
| 2.2.6 子网掩码及设置 | | √ | | |
| 2.2.7 Modem 的作用 | √ | | | |
| 2.2.8 交换机的作用 | √ | | | |
| 2.2.9 路由器的作用 | √ | | | |
| 2.2.10 家用无线路由设置 | | √ | | √ |
| 2.2.11 常用网络聊天工具的使用 | | | | √ |
| **2.3 www 浏览器的使用** | | | | |
| 2.3.1 www 的含义 | √ | | | |
| 2.3.2 http 的含义 | √ | | | |
| 2.3.3 URL 的含义 | √ | | | |
| 2.3.4 信息的查询方法 | | | √ | |
| 2.3.5 网址的使用 | | | √ | |
| 2.3.6 邮箱的使用 | | | √ | |
| 2.3.7 文件的下载 | | | √ | |

# 2.1 计算机网络

## 知识点 2.1.1 计算机网络的发展

**选择题 1.**（3 分，难度系数 0.9）

Internet 的前身是美国国防部高级研究计划署主持研制的（　　）。

A. ARPACET　　B. ARPANET　　C. ERPANET　　D. ARPENAT

**选择题 2.**（3 分，难度系数 0.9）

Internet 的前身是美国国防部高级研究计划署（　　）年主持研制的 ARPANET。

A. 1939　　B. 1946　　C. 1969　　D. 1958

**选择题 3.** （3 分，难度系数 0.9）

计算机网络的发展是基于计算机技术和（　　）技术的发展。

A. 交通　　B. 物流　　C. 商业　　D. 通信

## 知识点 2. 1. 2　计算机网络的概念

**选择题 1.** （3 分，难度系数 0.9）

实现计算机网络最重要的目的是（　　）。

A. 资源共享　　B. 运算精度高　　C. 运算速度快　　D. 内存容量大

**判断题 2.** （3 分，难度系数 0.9）

计算机网络不包括网络协议。（　　）

**判断题 3.** （3 分，难度系数 0.9）

计算机网络不包括通信线路。（　　）

**判断题 4.** （3 分，难度系数 0.9）

计算机网络中的每台计算机应具有独立运行的功能。（　　）

## 知识点 2. 1. 3　计算机网络的功能

**选择题 1.** （3 分，难度系数 0.9）

下列四项中主要用于在 Internet 上交流信息的是（　　）。

A. BBS　　B. DOS　　C. Word　　D. Excel

**选择题 2.** （3 分，难度系数 0.9）

组建计算机网络的最主要目的是（　　）。

A. 显示　　B. 存储　　C. 打印　　D. 资源共享

**选择题 3.** （3 分，难度系数 0.9）

资源共享中包括的资源有（　　）。

A. 软件资源　　B. 硬件资源　　C. 软件和硬件资源　　D. 计算机

## 知识点 2. 1. 4　计算机网络的分类

**选择题 1.** （3 分，难度系数 0.9）

计算机网络按（　　）分，可分为星型、树型、环形和总线型四种基本类型。

A. 传输介质　　B. 交换设备　　C. 拓扑结构　　D. 协议

**选择题 2.** （3 分，难度系数 0.9）

在学校机房内几十台电脑通过一台交换机通信，这种结构属于（　　）结构。

A. 星型 B. 树型 C. 环形 D. 总线型

**选择题 3.** （3 分，难度系数 0.9）

在环形拓扑结构的计算机网络中，所使用的通信是（　　）协议。

A. CDMA/CD B. FTP C. HTTP D. 令牌环

## 2.2 Internet 应用

### 知识点 2.2.1 Internet 概述

**选择题 1.** （3 分，难度系数 0.9）

关于 Internet，以下说法正确的是（　　）。

A. Internet 属于美国 B. Internet 属于联合国

C. Internet 属于国际红十字会 D. Internet 不属于某个国家或组织

**选择题 2.** （3 分，难度系数 0.9）

Internet 的中文规范译名为（　　）。

A. 因特网 B. 教科网 C. 局域网 D. 广域网

**选择题 3.** （3 分，难度系数 0.9）

学校的校园网络属于（　　）。

A. 局域网 B. 广域网 C. 城域网 D. 电话网

**选择题 4.** Internet 起源于（　　）。

A. 美国 B. 英国 C. 德国 D. 澳大利亚

### 知识点 2.2.2 Internet 的主要功能

**选择题 1.** （3 分，难度系数 0.9）

下列四项中主要用于 Internet 交流信息的是（　　）。

A. DOS B. Word C. Excel D. E－mail

**选择题 2.** （3 分，难度系数 0.9）

以下不属于 Internet 提供的服务是（　　）。

A. 电子邮件 B. 照片处理 C. 文件传输 D. 远程登录

**简述题 3.** （5 分，难度系数 0.75）

请结合生活实际，简要概述 Internet 在生活中有哪些应用。

## 知识点 2. 2. 3　上网所需的协议：TCP/IP

**选择题 1.**（3 分，难度系数 0. 9）

地址 ftp：//218. 0. 0. 123 中的 ftp 是指（　　）。

A. 协议　　B. 网址　　C. 新闻组　　D. 邮件信箱

**选择题 2.**（3 分，难度系数 0. 9）

连接到 Internet 的计算机中，必须安装的协议是（　　）。

A. 双边协议　　B. TCP/IP 协议　　C. NetBEUI 协议　　D. SPSS 协议

**选择题 3.**（3 分，难度系数 0. 9）

TCP/IP 是 Internet 中应用的一组协议，其中的 TCP 协议是指（　　）。

A. 传输控制协议　　B. 文件传输协议　　C. 文本传输协议　　D. 超文本传输协议

## 知识点 2. 2. 4　IP 地址及设置

**选择题 1.**（3 分，难度系数 0. 9）

下列 IP 地址中书写正确的是（　　）。

A. 168 * 192 * 0 * 1　　B. 325. 255. 231. 0

C. 192. 168. 1　　D. 192. 168. 81. 234

**选择题 2.**（3 分，难度系数 0. 9）

IPv6 中规定 IP 地址是二进制数（　　）位。

A. 24　　B. 34　　C. 32　　D. 128

**选择题 3.**（3 分，难度系数 0. 9）

以下属于 C 类 IP 地址的是（　　）。

A. 190. 192. 168. 1　　B. 191. 192. 168. 1

C. 192. 192. 168. 1　　D. 171. 192. 168. 1

## 知识点 2. 2. 5　DNS 及域名设置

**选择题 1.**（3 分，难度系数 0. 9）

在计算机网络中 DNS 的中文名字是（　　）。

A. 域名管理服务器　　B. 动态管理服务器

C. 文件管理服务器　　D. 文件传输服务器

**选择题 2.**（3 分，难度系数 0. 9）

域名管理服务器在计算机网络中起到的作用是（　　）。

A. 将 IP 地址转换成域名　　B. 将域名转换成 IP 地址

C. 将域名和 IP 地址相互转换　　D. 以上说法都不对

**选择题 3.**（3 分，难度系数 0.9）

在家庭装有无线路由器的网络中，如果启动了 DHCP 服务，则每台电脑上的 DNS 可设置为（　　）。

A. 192.192.168.1　　B. 192.192.168.2

C. 192.192.168.3　　D. 空

## 知识点 2.2.6　子网掩码及设置

**选择题 1.**（3 分，难度系数 0.9）

在每台上网的计算机中设置子网掩码的原因是（　　）。

A. 划分子网　　B. 屏蔽子网

C. 指明 IP 中的网络号和主机号　　D. 屏蔽 IP

**选择题 2.**（3 分，难度系数 0.9）

C 类 IP 地址对应的默认子网掩码是（　　）。

A. 202.103.24.68　　B. 255.255.255.0

C. 255.255.255.255　　D. 255.255.0.0

**选择题 3.**（3 分，难度系数 0.9）

以下不属于默认子网掩码的是（　　）。

A. 202.103.24.68　　B. 255.255.255.0

C. 255.0.0.0　　D. 255.255.0.0

## 知识点 2.2.7　Modem 的作用

**选择题 1.**（3 分，难度系数 0.9）

个人计算机通过电话线拨号方式接入因特网时，应使用的设备是（　　）。

A. 交换机　　B. 调制解调器　　C. 电话机　　D. 浏览器软件

**选择题 2.**（3 分，难度系数 0.75）

ADSL 可以在普通电话线上提供 10M bps 的下行速率，即意味着理论上 ADSL 可以提供下载文件的速度达到每秒（　　）。

A. 1 024 字节　　B. 10 × 1 024 字节

C. 10 × 1 024 位　　D. 10 × 1 024 × 1 024 位

**选择题 3.**（3 分，难度系数 0.9）

通常所说的 ADSL 是指（　　）。

A. 上网方式　　B. 电脑品牌

C. 网络服务商　　D. 网页制作技术

## 知识点 2.2.8　交换机的作用

**选择题 1.**（3 分，难度系数 0.9）

下列属于计算机网络通信设备的是（　　）。

A. 显卡　　B. 交换机　　C. 音箱　　D. 声卡

**选择题 2.**（3 分，难度系数 0.9）

如果允许其他用户通过网上邻居来读取某一共享文件夹中的信息，但不能对该文件夹中的文件做任何修改，应将该文件夹的共享属性设置为（　　）。

A. 隐藏　　B. 完全　　C. 只读　　D. 系统

**选择题 3.**（3 分，难度系数 0.6）

以下不属于网络交换机功能的是（　　）。

A. 网络拓扑结构　　B. 错误校验　　C. 帧序列　　D. 信息存储

## 知识点 2.2.9　路由器的作用

**选择题 1.**（3 分，难度系数 0.9）

计算机网络中路由器的主要功能是（　　）。

A. 网络互连　　B. 数据处理　　C. 网络管理　　D. 信息存储

**选择题 2.**（3 分，难度系数 0.9）

能够连接多个网络或网段的网络设备是（　　）。

A. 路由器　　B. 集线器　　C. 交换机　　D. 服务器

**选择题 3.**（3 分，难度系数 0.9）

能将不同网络或网段之间的数据信息进行“翻译”，以使它们能够相互“读懂”对方的数据，从而构成一个更大网络的网络设备是（　　）。

A. 集线器　　B. 路由器　　C. 交换机　　D. 服务器

## 知识点 2.2.10　家用无线路由设置

**选择题 1.**（3 分，难度系数 0.9）

在家庭装有无线路由器的网络中，如果启动了 DHCP 服务，则每台电脑上的子网掩码可设置为（　　）。

A. 192. 192. 168. 1　　B. 192. 192. 168. 2

C. 192. 192. 168. 3　　D. 255. 255. 255. 0

**选择题 2.**（3 分，难度系数 0.9）

在家庭装有无线路由器的网络中，如果启动了 DHCP 服务，则每台电脑上的 IP 可设置为（　　）。

A. 192. 192. 168. 1　　B. 192. 192. 168. 2

C. 192. 192. 168. 3　　D. 空

**选择题 3.**（3 分，难度系数 0. 9）

在家庭装有无线路由器的网络中，如果启动了 DHCP 服务，则每台电脑上的 DNS 可设置为（　　）。

A. 192. 192. 168. 1　　B. 192. 192. 168. 2

C. 192. 192. 168. 3　　D. 空

### 知识点 2. 2. 11　常用网络聊天工具的使用

**选择题 1.**（3 分，难度系数 0. 9）

以下不是网络聊天工具的是（　　）。

A. QQ　　B. MSN　　C. PPT　　D. 微信

**选择题 2.**（3 分，难度系数 0. 9）

网络聊天工具 QQ 不具有（　　）功能。

A. 在线视频　　B. 文件传输　　C. 视频编辑　　D. 远程控制

**选择题 3.**（3 分，难度系数 0. 9）

网络聊天工具 QQ 是（　　）公司生产。

A. 腾讯　　B. 奇虎 360　　C. 微软　　D. 苹果

## 2. 3　www 浏览器的使用

### 知识点 2. 3. 1　www 的含义

**选择题 1.**（3 分，难度系数 0. 9）

Internet Explorer（IE）浏览器收藏夹的主要作用是收藏（　　）。

A. 图片　　B. 邮件　　C. 网址　　D. 文档

**选择题 2.**（3 分，难度系数 0. 9）

上因特网浏览信息时，常用的浏览器是（　　）。

A. KV3000　　B. Word 97　　C. WPS 2000　　D. Internet Explorer

**选择题 3.**（3 分，难度系数 0. 9）

用 IE 浏览器浏览网页，在地址栏中输入网址时，通常可以省略的是（　　）。

A. http：//　　B. ftp：//　　C. mailto：//　　D. news：//

**选择题 4.**（3 分，难度系数 0. 9）

浏览网页过程中，当鼠标移动到已设置了超链接的区域时，鼠标指针形状一般变为

（　　）。

A. 小手形状　　B. 双向箭头　　C. 禁止图案　　D. 下拉箭头

**选择题 5.** （3 分，难度系数 0.9）

下列软件中可以查看 WWW 信息的是（　　）。

A. 游戏软件　　B. 财务软件　　C. 杀毒软件　　D. 浏览器软件

## 知识点 2.3.2　http 的含义

**选择题 1.** （3 分，难度系数 0.9）

http 是一种（　　）。

A. 域名　　B. 高级语言　　C. 服务器名称　　D. 超文本传输协议

**选择题 2.** （3 分，难度系数 0.9）

TCP/IP 协议中，超文本传输协议是（　　）。

A. HTP　　B. SMTP　　C. HIT　　D. HTTP

**选择题 3.** （3 分，难度系数 0.9）

计算机网络中 WWW 服务是基于（　　）协议。

A. HTP　　B. SMTP　　C. HTTP　　D. HIT

## 知识点 2.3.3　URL 的含义

**选择题 1.** （3 分，难度系数 0.9）

网址 www. pku. edu. cn 中的 cn 表示（　　）。

A. 英国　　B. 美国　　C. 日本　　D. 中国

**选择题 2.** （3 分，难度系数 0.9）

Internet 中 URL 的含义是（　　）。

A. 统一资源定位器　　B. Internet 协议

C. 简单邮件传输协议　　D. 传输控制协议

**选择题 3.** （3 分，难度系数 0.9）

下面是某单位主页的 Web 地址 URL，其中符合 URL 格式的是（　　）。

A. Http//www. jnu. edu. cn　　B. Http：www. jnu. edu. cn

C. Http：//www. jnu. edu. cn　　D. Http：/www. jnu. edu. cn

## 知识点 2.3.4　信息的查询方法

**选择题 1.** （3 分，难度系数 0.9）

在搜索引擎中输入“电视台 - 武汉电视台”，以下在搜索结果中一定不会出现的是

（　　）。

A. 中央电视台　　B. 武汉电视台　　C. 湖北电视台　　D. 湖南卫视

**选择题 2.**（3 分，难度系数 0.9）

在搜索引擎中输入“computer?”，以下在搜索结果中可能会出现的是（　　）。

A. computer　　B. comput　　C. computers　　D. computeres

**选择题 3.**（3 分，难度系数 0.9）

在搜索引擎中输入“武汉"电传"”，以下在搜索结果中不会出现的是（　　）。

A. 武汉电传　　B. 武汉市电传　　C. 武汉电话传真　　D. 电传

## 知识点 2.3.5　网址的使用

**选择题 1.**（3 分，难度系数 0.9）

地址栏中输入的 http：//zjhk. school. com 中，zjhk. school. com 是一个（　　）。

A. 域名　　B. 文件　　C. 邮箱　　D. 国家

**选择题 2.**（3 分，难度系数 0.9）

地址栏中输入的 http：//www. sc. gov，则说明所访问的网站属于（　　）。

A. 商业机构　　B. 政府机构　　C. 军事机构　　D. 个人网站

**选择题 3.**（3 分，难度系数 0.9）

地址栏中输入的 ftp：//www. sc. com. cn，所访问的网站注册地是（　　）。

A. 中国　　B. 美国　　C. 日本　　D. 英国

## 知识点 2.3.6　邮箱的使用

**选择题 1.**（3 分，难度系数 0.9）

电子邮件地址格式为：username@ hostname，其中 hostname 为（　　）。

A. 用户地址名　　B. 某国家名

C. 某公司名　　D. ISP 某台主机的域名

**选择题 2.**（3 分，难度系数 0.9）

如果申请了一个免费电子信箱为 zjxm@ sina. com，则该电子信箱的账号是（　　）。

A. zjxm　　B. @ sina. com　　C. @ sina　　D. sina. com

**选择题 3.**（3 分，难度系数 0.9）

发送电子邮件时，如果接收方没有开机，那么邮件将（　　）。

A. 丢失　　B. 退回给发件人

C. 开机时重新发送　　D. 保存在邮件服务器上

**选择题 4.**（3 分，难度系数 0.9）

要能顺利发送和接收电子邮件，下列设备必需的是（　　）。

A. 打印机　　B. 邮件服务器　　C. 扫描仪　　D. Web 服务器

**选择题 5.**（3 分，难度系数 0.9）

下列说法错误的是（　　）。

A. 电子邮件是 Internet 提供的一项最基本的服务

B. 电子邮件具有快速、高效、方便、价廉等特点

C. 通过电子邮件，可向世界上任何一个角落的网上用户发送信息

D. 电子邮件可发送的多媒体只有文字和图像

## 知识点 2. 3. 7　文件的下载

**选择题 1.**（3 分，难度系数 0.9）

在网络应用中，迅雷是常用的（　　）工具。

A. 下载　　B. 文档编辑　　C. 图形编辑　　D. 上网

**选择题 2.**（3 分，难度系数 0.6）

要利用 BT 协议下载文件之前，先要从某个网站下载一个包含该文件相关信息的（　　）文件。

A. 说明　　B. 属性　　C. 下载　　D. torrent

**选择题 3.**（3 分，难度系数 0.9）

下载的文件会有打开方式问题，当下载的是 . txt 文件时，不能用以下（　　）程序打开。

A. 写字版　　B. 记事本　　C. 画图　　D. WORD

# 第 3 章　Windows 7 操作系统

## 知识结构框图

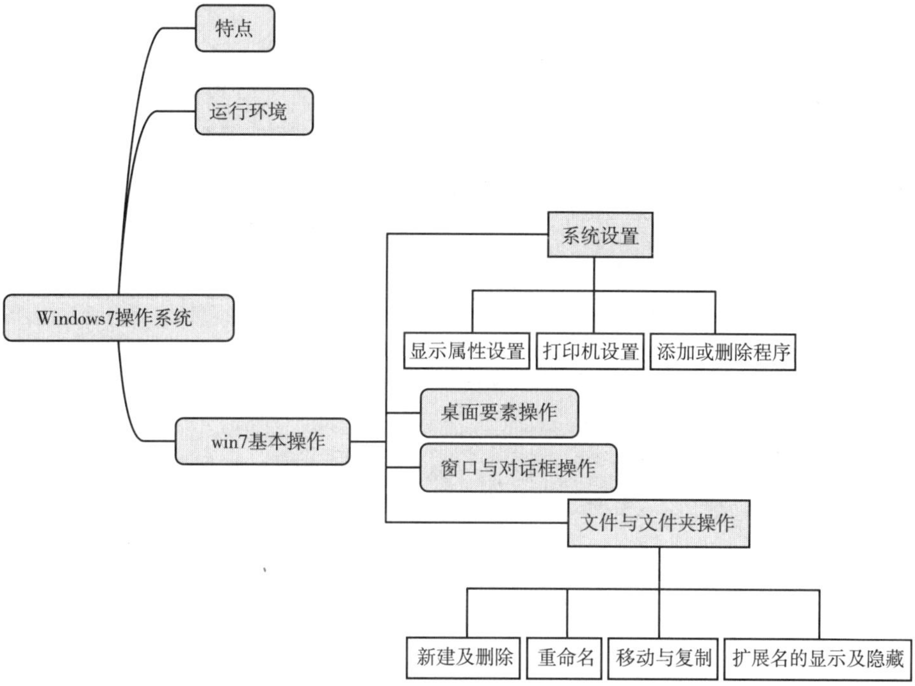


## 知识点及学习要求

| 知　识　点 | 学习要求 | | | |
|---|---|---|---|---|
| | 知识要求 | | 操作要求 | |
| | 了解 | 掌握 | 会 | 熟练 |
| **第 3 章　Windows 7 操作系统** | | | | |
| **3.1　Windows 7 简介** | | | | |
| 3.1.1　Windows 7 的特点 | √ | | | |
| 3.1.2　Windows 7 的运行环境 | √ | | | |

续表

| 知 识 点 | 学习要求 | | | |
|---|---|---|---|---|
| | 知识要求 | | 操作要求 | |
| | 了解 | 掌握 | 会 | 熟练 |
| 3.1.3 Windows 7 的基本操作： | | | | |
| 桌面要素的操作 | | | | √ |
| 多任务管理 | | | | √ |
| 窗口与对话框的操作 | | | | √ |
| **3.2 Windows 7 的文件（夹）管理：** | | | | |
| 3.2.1 文件与文件夹操作 | | √ | | √ |
| 3.2.2 文件与文件夹的新建及删除 | | | | √ |
| 3.2.3 文件与文件夹的重命名 | | | | √ |
| 3.2.4 文件与文件夹的移动与复制 | | | | √ |
| 3.2.5 文件夹的属性 | | | | √ |
| 3.2.6 文件扩展名的显示及隐藏 | | | | √ |
| 3.2.7 回收站 | | | | √ |
| **3.3 Windows 7 的系统设置：** | | | | |
| 3.3.1 打印机设置 | √ | | | √ |
| 3.3.2 显示属性设置 | √ | | | √ |
| 3.3.3 添加或删除程序 | √ | | | √ |

# 3.1 Windows 7 简介

## 知识点 3.1.1 Windows 7 的特点

**选择题 1.**（3 分，难度系数 0.75）

关于 Windows 的说法，不正确的是（　　）。

A. Windows 是迄今为止使用最广泛的应用软件

B. 使用 Windows 时，必须要有 MS-Dos 的支持

C. Windows 是一种图形用户界面操作系统，是系统平台

D. Windows Professional 版是由 Windows NT 升级而来

**填空题 2.**（3 分，难度系数 0.9）

Windows 是面向 PC 机的高级用户和高级应用，是一个真正多任务的（　　）操作系统。

**选择题 3.** (3 分，难度系数 0.75)

在 Windows 中，下列叙述正确的是（　　）。

A. 不可同时运行多个程序　　B. 桌面上不可同时容纳多个窗口

C. 不可支持鼠标操作　　D. 不可运行所有的 DOS 应用程序

## 知识点 3.1.2　Windows 7 的运行环境

**选择题 1.** (3 分，难度系数 0.75)

Windows 环境下功能的具体操作主要是靠（　　）来实现。

A. 窗口操作　　B. 菜单操作　　C. 对话操作　　D. 键盘操作

**判断题 2.** (3 分，难度系数 0.9)

在 Windows 环境下，系统的属性是不能改变的。　　（　　）

**选择题 3.** (3 分，难度系数 0.6)

Windows 7 要求的最低配置，下面说法正确的是（　　）。

A. 500 兆赫（MHz）或更快的处理器

B. 内存 256 兆字节或更大

C. 硬盘 1.5 千兆字节或更大

D. 显示器 1 024 × 768 或更高分辨率的监视器

## 知识点 3.1.3　Windows 7 的基本操作

**选择题 1.** (3 分，难度系数 0.75)

“我的电脑”文件夹窗口中，图标可按（　　）排列。

A. 名称　　B. 类型　　C. 日期　　D. 大小

**选择题 2.** (3 分，难度系数 0.75)

在 Windows 中，程序窗口可以进行（　　）操作。

A. 打开　　B. 隐藏　　C. 移动　　D. 改变大小

**填空题 3.** (3 分，难度系数 0.6)

Windows 窗口最上面一栏是（　　）。

**填空题 4.** (3 分，难度系数 0.6)

当任务栏被隐藏时用户可以按 Ctrl +（　　）键的快捷方式打开“开始”菜单。

**填空题 5.** (3 分，难度系数 0.6)

在 Windows 中，关闭窗口的组合键是（　　）。

**填空题 6.** （3 分，难度系数 0.6）
在 Windows 中，要快速地获得帮助，使用的快捷键是（　　）。

# 3.2　Windows 7 的文件（夹）管理

## 知识点 3.2.1　文件与文件夹操作

**选择题 1.** （3 分，难度系数 0.75）
下列字符中，Windows 文件名不能使用的字符有（　　）。
A. <　　B. ?　　C. :　　D. ;

**选择题 2.** （3 分，难度系数 0.6）
在 Windows 环境下，文件夹指的是（　　）。
A. 磁盘　　B. 目录　　C. 程序　　D. 文档

**选择题 3.** （3 分，难度系数 0.6）
以下能被 Windows 正确识别的文件名是（　　）。
A. Windows. txt　　B. Windows. *　　C. Windows. ?　　D. Windows. OSR. 02

## 知识点 3.2.2　文件与文件夹的新建及删除

**选择题 1.** （3 分，难度系数 0.6）
在 Windows 中要删除一个被选定的文件时可以使用（　　）。
A. Shift + 空格　　B. Alt + D　　C. Shift + D　　D. Ctrl + D

**选择题 2.** （3 分，难度系数 0.75）
当已选定文件夹后，下列操作中不能删除该文件夹的是（　　）。
A. 在键盘上按 Del 键
B. 用鼠标右键单击该文件夹，打开菜单，然后选择“删除”
C. 在文件菜单中选择“删除”命令
D. 用鼠标左键双击该文件夹

**选择题 3.** （3 分，难度系数 0.9）
在 Windows 中，在 D 盘上创建文件夹，下列操作中错误的是（　　）。
A. “开始”→“程序”→“MS - DOS 方式”→执行“MD D:\[路径]\目录名”命令
B. “我的电脑”→“D 盘”→指定文件夹→打开“文件［F］”菜单→“新建［W］”→“文件夹［F］”
C. “开始”→“程序”→“资源管理器”→“D 盘”→指定文件夹→“文件［F］”→“新建［W］”→“文件夹［F］”
D. “开始”→“运行”→在对话框中输入“MD D:\[路径]\目录名”命令→“确定”

## 知识点3.2.3 文件与文件夹的重命名

**选择题1.**（3分，难度系数0.6）

欲在“我的电脑”或“资源管理器”窗口中改变一个文件或文件夹的名称，可以先选取该文件或文件夹，再用鼠标左键（ ）。

A. 单击该文件夹或文件名称
B. 单击该文件夹或文件图标
C. 双击该文件夹或文件名称
D. 双击该文件夹或文件图标

**选择题2.**（3分，难度系数0.75）

在Windows中能更改文件名的操作是（ ）。

A. 用鼠标右键单击文件名，然后选择“重命名”，键入新文件名后按回车键
B. 用鼠标左键单击文件名，然后选择“重命名”，键入新文件名后按回车键
C. 用鼠标右键双击文件名，然后选择“重命名”，键入新文件名后按回车键
D. 用鼠标左键双击文件名，然后选择“重命名”，键入新文件名后按回车键

## 知识点3.2.4 文件与文件夹的移动与复制

**选择题1.**（3分，难度系数0.6）

在Windows中做复制操作时，第一步首先应（ ）。

A. 光标定位
B. 选定复制对象
C. 按Ctrl+C
D. 按Ctrl+V

**选择题2.**（3分，难度系数0.6）

在Windows中，欲把D：YDWJ文件移动到E盘，可以使用的方法有（ ）。

A. 在资源管理器窗口，直接把D：YDWJ拖到E：
B. 在资源管理器窗口，按住Ctrl键不放的同时把D：YDWJ拖到E：
C. 右键单击D：YDWJ，在快捷菜单选择“发送到”、再选择E：
D. 单击D：YDWJ、点击常用工具的“剪切”钮、点击E：、单击常用工具的“粘贴”钮

**选择题3.**（3分，难度系数0.6）

在Windows中，欲把D：FZWJ文件复制到E盘，可以使用的方法有（ ）。

A. 在资源管理器窗口，直接把D：YYLJ拖到E：
B. 在资源管理器窗口，按住Ctrl键不放的同时把D：YYLJ拖到E：
C. 右键单击D：YYLJ，在快捷菜单选择“发送到”、再选择E：
D. 单击D：YYLJ、点击常用工具的“复制”钮、点击E：、单击常用工具的“粘贴”钮

## 知识点 3.2.5　文件夹的属性

**选择题 1.**（3 分，难度系数 0.6）

在 Windows 中，不能由用户指定的文件属性是（　　）。

A. 系统　　B. 只读　　C. 隐藏　　D. 存档

**选择题 2.**（3 分，难度系数 0.6）

在 Windows 的资源管理器窗口中，若希望显示文件的名称、类型、大小等信息，则应该选择“更多选项”中的（　　）。

A. 列表　　B. 详细信息　　C. 大图标　　D. 小图标

## 知识点 3.2.6　文件扩展名的显示及隐藏

**选择题 1.**（3 分，难度系数 0.9）

在 Windows 中，隐藏已知文件类型的扩展名，应选择（　　）。

A. 组织　　B. 打开　　C. 刻录　　D. 新建文件夹

**选择题 2.**（3 分，难度系数 0.9）

在 Windows 中，显示所有文件的扩展名，应选择“文件夹选项”对话框中的（　　）。

A. 常规　　B. 查看　　C. 搜索　　D. 还原为默认值

## 知识点 3.2.7　回收站

**填空题 1.**（3 分，难度系数 0.6）

Windows 的“回收站”是（　　）中的一块区域。

**填空题 2.**（3 分，难度系数 0.6）

Windows 环境下被删除的文件、文件夹一般放在（　　）中，如果其中的内容没有被清空的话，被删除的文件或文件夹可以被恢复。

**填空题 3.**（3 分，难度系数 0.6）

在 Windows 中可以用“回收站”恢复（　　）盘上被误删的文件。

# 3.3　Windows 7 的系统设置

## 知识点 3.3.1　打印机设置

**选择题 1.**（3 分，难度系数 0.75）

选择“开始”菜单中的（　　），可以在 Windows 中添加打印机。

A. 计算机　　B. 控制面板　　C. 设备和打印机　　D. 默认程序

**选择题 2.** （3 分，难度系数 0.75）

若开始菜单中没有“设备和打印机”，可以打开（　　），在其中找到“设备和打印机”并打开。

A. 计算机　　B. 控制面板　　C. 默认程序　　D. 文档

## 知识点 3.3.2　显示属性设置

**选择题 1.** （3 分，难度系数 0.75）

在 Windows7 中，设置“屏幕保护程序”，应选择右键快捷菜单中的（　　）。

A. 图形属性　　B. 图形选项　　C. 小工具　　D. 个性化

**选择题 2.** （3 分，难度系数 0.75）

在 Windows7 中，设置“桌面背景”，应选择右键快捷菜单中的（　　）。

A. 图形选项　　B. 图形属性　　C. 个性化　　D. 小工具

## 知识点 3.3.3　添加或删除程序

**操作题 1.** （3 分，难度系数 0.75）

请在 Windows7 中，添加“视频解码”应用程序（　　）。

**选择题 2.** （3 分，难度系数 0.6）

在 Windows7 中要卸载程序，可以打开（　　），在其中完成卸载操作。

A. 计算机　　B. 控制面板　　C. 默认程序　　D. 文档

# 第 4 章　文字处理软件应用

## 知识结构框图

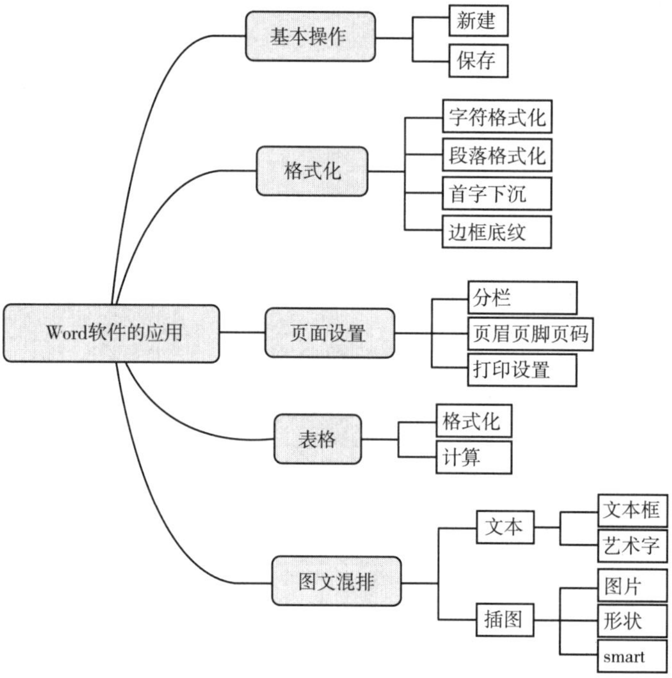


## 知识点及学习要求

| 知　识　点 | 学习要求 | | | |
|---|---|---|---|---|
| | 知识要求 | | 操作要求 | |
| | 了解 | 掌握 | 会 | 熟练 |
| 第 4 章　文字处理软件应用 | | | | |
| **4.1　Word 2010 简介** | √ | | | |
| 4.1.1　Word 2010 的启动 | √ | | | √ |
| 4.1.2　Word 2010 的窗口 | √ | | | √ |

续表

| 知识点 | 学习要求 | | | |
|---|---|---|---|---|
| | 知识要求 | | 操作要求 | |
| | 了解 | 掌握 | 会 | 熟练 |
| 4.1.3 Word 2010 的视图 | | √ | √ | |
| **4.2 文档的创建与保存** | | | | |
| 4.2.1 新建 Word 文档 | | | | |
| 4.2.2 保存 Word 文档 | | √ | | √ |
| **4.3 文档的编辑** | | | | |
| 4.3.1 在文档中插入删除文字 | | √ | | √ |
| 4.3.2 查找和替换文字 | | √ | | √ |
| 4.3.3 高级替换 | | √ | | √ |
| **4.4 文档格式化** | | | | |
| 字符格式化 | | | | |
| 4.4.1 字体（中西文）、字形、字号、颜色 | | √ | | √ |
| 4.4.2 下划线、着重号 | | √ | | √ |
| 4.4.3 上下标 | | √ | | √ |
| 4.4.4 字符高级设置（间距和位置） | | √ | | √ |
| 4.4.5 文本效果 | | | | |
| 段落格式化 | | | | |
| 4.4.6 对齐方式（两端，居中、右） | | √ | | √ |
| 4.4.7 段落缩进（字符、厘米） | | √ | | √ |
| 4.4.8 间距（段前、段后、行距） | | √ | | √ |
| **4.5 排版** | | | | |
| 4.5.1 首字下沉 | | √ | | √ |
| 4.5.2 项目符号和编号（基本设置） | | √ | | √ |
| 4.5.3 普通分栏 | | √ | | √ |
| 4.5.4 特殊分栏 | √ | | √ | |
| 4.5.5 边框和底纹（文字和段落） | | √ | | √ |
| **4.6 长文档排版** | | | | |
| 4.6.1 页眉、页脚和页码（基本设置） | | √ | | √ |
| 4.6.2 页面设置（纸张大小、方向、边距、水印） | | √ | | √ |
| **4.7 图文混排** | | | | |
| 4.7.1 文本框 | | | | |
| 插入横、竖排文本框 | | √ | | √ |

续表

| 知识点 | 学习要求 | | | |
| --- | --- | --- | --- | --- |
| | 知识要求 | | 操作要求 | |
| | 了解 | 掌握 | 会 | 熟练 |
| 线条（无色、有色、粗细） | | √ | | √ |
| 填充（无色、有色） | | √ | | √ |
| 调整大小 | √ | | | |
| 4.7.2　形状 | | | | |
| 插入形状 | | √ | | √ |
| 线条（无色、有色、粗细） | | √ | | √ |
| 填充（无色、有色） | | √ | | √ |
| 调整大小 | | √ | | √ |
| 与文字位置（四周型、上下型） | | √ | | √ |
| 4.7.3　艺术字 | | | | |
| 插入（艺术字库样式） | | √ | | √ |
| 轮廓（无色、有色） | | √ | | √ |
| 填充（无色、有色、预设颜色） | | √ | | √ |
| 效果（阴影、三维） | | √ | | √ |
| 调整大小 | | √ | | √ |
| 与文字位置（四周型、嵌入型、上下型） | | √ | | √ |
| 4.7.4　图片 | | | | |
| 插入 | | √ | | √ |
| 调整大小 | | √ | | √ |
| 与文字位置（四周型、嵌入型、上下型） | | √ | | √ |
| 对象的叠放 | √ | | | |
| 对象的组合 | √ | | | |
| **4.8　表格的制作** | | √ | | √ |
| 4.8.1　插入表格 | | √ | | √ |
| 插入行、列 | | √ | | √ |
| 合并拆分单元格 | | √ | | √ |
| 4.8.2　文本与表格之间的转换 | √ | | √ | |
| 4.8.3　表格的格式化 | | | | |
| 单元格的对齐方式 | | √ | | √ |
| 表格的边框和底纹 | | √ | | √ |
| 4.8.4　表格公式计算 | √ | | √ | |

# 4.1　Word 2010 简介

## 知识点 4.1.1　Word 2010 的启动

**选择题 1.** （3 分，难度系数 0.9）

中文 Word 是（　　）。

A. 字处理软件　　B. 系统软件　　C. 硬件　　D. 操作系统

**选择题 2.** （3 分，难度系数 0.9）

Word 2010 文档的扩展名是（　　）。

A. doc　　B. txt　　C. jpg　　D. docx

## 知识点 4.1.2　Word 2010 的窗口

**选择题 1.** （3 分，难度系数 0.75）

在 Word 的文档窗口进行最小化操作（　　）。

A. 会将指定的文档关闭

B. 会关闭文档及其窗口

C. 文档的窗口和文档都没关闭

D. 会将指定的文档从外存中读入，并显示出来

**选择题 2.** （3 分，难度系数 0.9）

在 Word 2010 主窗口的右上角，可以同时显示的按钮是（　　）。

A. 最小化、还原和最大化　　B. 还原、最大化和关闭

C. 最小化、还原和关闭　　D. 还原和最大化

## 知识点 4.1.3　Word 2010 的视图

**选择题 1.** （3 分，难度系数 0.75）

能显示页眉和页脚的方式是（　　）。

A. 普通视图　　B. 页面视图　　C. 大纲视图　　D. 全屏幕视图

**选择题 2.** （3 分，难度系数 0.9）

中文 Word 的特点描述正确的是（　　）。

A. 一定要通过使用“打印预览”才能看到打印出来的效果

B. 不能进行图文混排

C. 即点即输

D. 无法检查所见的英文拼写及语法错误

# 4.2 文档的创建和保存

## 知识点 4.2.1 新建 Word 文档

**选择题 1.** (3 分，难度系数 0.75)

新建 Word 文档的快捷键是（　　）。

A. Ctrl + N　　B. Ctrl + O　　C. Ctrl + C　　D. Ctrl + S

**选择题 2.** (3 分，难度系数 0.9)

使用模板新建文档，使用“文件”选项卡下的（　　）命令。

A. 保存　　B. 模板　　C. 新建　　D. 打印

## 知识点 4.2.2 保存 Word 文档

**选择题 1.** (3 分，难度系数 0.9)

保存当前编辑的文档，使用的选项卡是（　　）。

A. 开始　　B. 文件　　C. 视图　　D. 插入

**选择题 2.** (3 分，难度系数 0.6)

保存为带密码的文档，使用（　　）命令。

A. 文件—另存为　　B. 文件—新建

C. 视图—宏　　D. 插入—超链接

# 4.3 文档的编辑

## 知识点 4.3.1 在文档中插入删除文字

**操作题 1.** (10 分，难度系数 0.75)

【要求】

1. 将第四段和第五段交换位置；
2. 复制第三段，粘贴至文章结尾处作为新的一段；
3. 删除第一段。

【文档开始】

世间女子，纷丽多姿。

独独有她，哀艳如诗。

林徽因。最令人怀念的民国女子。

关于她，才情、容貌、人生际遇，样样都令世人称道。她写得一手好诗，为人低蕴沉静。又长得极美，且颇有气韵。立在一处，便似深谷中一朵独自开谢的白兰。极惹目。是美人。是才女。因此，众人看过去，仿佛世间种种好处一时间都落在她身上。

也因此，她注定是讨男子喜欢，亦注定是会遭人嫉妒的，尤其是女人。徐志摩爱她。梁思成爱她。金岳霖也爱她。又有女子如冰心、凌淑华惊才绝艳之民国才女，无一不对林徽因心存几分芥蒂。即便如此，她们依然忍不住会去赞她。

冰心说：“林徽因俏，陆小曼不俏。”连美人陆小曼都入不了冰心的眼，但林徽因，即便冰心对她心存芥蒂，也仍旧忍不住赞一句她俏。凌淑华也是。更不愿去赞她，但依然说了她一句“可惜因为人长得漂亮又能说话，被男朋友们宠得很难再进步。”

【文档结束】

**参考答案：**

【文档开始】

独独有她，哀艳如诗。

也因此，她注定是讨男子喜欢，亦注定是会遭人嫉妒的，尤其是女人。徐志摩爱她。梁思成爱她。金岳霖也爱她。又有女子如冰心、凌淑华惊才绝艳之民国才女，无一不对林徽因心存几分芥蒂。即便如此，她们依然忍不住会去赞她。

关于她，才情、容貌、人生际遇，样样都令世人称道。她写得一手好诗，为人低蕴沉静。又长得极美，且颇有气韵。立在一处，便似深谷中一朵独自开谢的白兰。极惹目。是美人。是才女。因此，众人看过去，仿佛世间种种好处一时间都落在她身上。

冰心说：“林徽因俏，陆小曼不俏。”连美人陆小曼都入不了冰心的眼，但林徽因，即便冰心对她心存芥蒂，也仍旧忍不住赞一句她俏。凌淑华也是。更不愿去赞她，但依然说了她一句“可惜因为人长得漂亮又能说话，被男朋友们宠得很难再进步”。

林徽因。最令人怀念的民国女子。

【文档结束】

**操作题 2.** （10 分，难度系数 0.75）

【要求】

1. 将第一段文字复制，粘贴至第二段后作为第三段；
2. 删除第一段；
3. 将最后一段文字的两句话调换位置。

【文档开始】

烟花绚丽最终归于消散，真切投入的情感，并非如愿情牵一生。揭开，眸里瞬间闪隐着泪花，流泻着离殇。

那年，那时的你我纯真年代，真实情感彼此爱护有加，牵手取暖度过一段美好时光。是世道愚弄，还是缘浅，余温犹在人已离去。也许年少，也许骄傲，不问缘由分道扬镳。也许涉世不深，不懂婉约相处，星星之火般的情感陨落。

倔犟性情，面对失落情感，专注于事业，多年打拼归功于无牵无挂无牵绊。

静下来，不允许自己回望，时刻提醒自己不许被情所困，做成功于事业的女人，也好过无为的人生。

也许，没有离殇不懂珍惜；也许，惟有超越自己，才会弥补情感的残缺。

【文档结束】

**参考答案：**

【文档开始】

那年，那时的你我纯真年代，真实情感彼此爱护有加，牵手取暖度过一段美好时光。是世道愚弄，还是缘浅，余温犹在人已离去。也许年少，也许骄傲，不问缘由分道扬镳。也许涉世不深，不懂婉约相处，星星之火般的情感陨落。

烟花绚丽最终归于消散，真切投入的情感，并非如愿情牵一生。揭开，眸里瞬间闪隐着泪花，流泻着离殇。

倔犟性情，面对失落情感，专注于事业，多年打拼归功于无牵无挂无牵绊。

静下来，不允许自己回望，时刻提醒自己不许被情所困，做成功于事业的女人，也好过无为的人生。

也许，惟有超越自己，才会弥补情感的残缺；也许，没有离殇不懂珍惜。

【文档结束】

## 知识点 4.3.2　查找和替换文字

**操作题 1.**（5 分，难度系数 0.9）

【要求】将文字中的“生硬”替换为“声音”。

【文档开始】

生硬是什么

就人而言，生硬是指人耳听到的那些东西，话音、歌声、音乐以及人们并不爱听的一些噪音都是生硬的表现形式。

从本质上说，生硬是一种振动，一个物体向后和向前运动（振动），瞬间把它附近的空气往一边推，然后返回原处时产生了一点真空，这个过程称为振动。

一系列振动产生了一个波，就像把一块石头扔进水中时产生波纹一样。以波的形式运动的空气粒子使你的耳鼓膜振动，并传给内耳神经末梢，内耳神经末梢再接着把这些振动脉冲传送给大脑，大脑把它们感知为生硬。

【文档结束】

**参考答案：**

【文档开始】

声音是什么

就人而言，声音是指人耳听到的那些东西，话音、歌声、音乐以及人们并不爱听的一些噪音都是声音的表现形式。

从本质上说，声音是一种振动，一个物体向后和向前运动（振动），瞬间把它附近的空气往一边推，然后返回原处时产生了一点真空，这个过程称为振动。

一系列振动产生了一个波，就像把一块石头扔进水中时产生波纹一样。以波的形式运动的空气粒子使你的耳鼓膜振动，并传给内耳神经末梢，内耳神经末梢再接着把这些振动脉冲传送给大脑，大脑把它们感知为声音。

【文档结束】

**操作题 2.**（5 分，难度系数 0.9）

【要求】将文字中“谐音”替换为“泛音”。

【文档开始】

音调、音强与音色

声音是模拟信号的一种，从人耳听觉的角度看，声音的质量特性主要体现在音调、音强和音色三个方面。

音调与声音的频率有关，频率快则声音尖高，频率慢则声音显得低沉。声音按频率可分为：次声（小于 20 Hz）、可听声（20 ~ 20 000 Hz）和超声（大于 20 000 Hz）。

音强即声音音量，它与声波的振动幅度有关，反映了声音的大小和强弱，振幅大则音量大。

振幅和周期都不变的声音称为纯音，但自然界中的大部分声音一般都不是纯音，而是由不同振幅的声波组合起来的一种复音。在复音中的最低频率称为该复音的基频。复音中其他频率称之为谐音，基频和谐音组合起来，决定了声音的音色，使人们有可能对不同的声音特征加以辨认。

【文档结束】

**参考答案：**

【文档开始】

音调、音强与音色

声音是模拟信号的一种，从人耳听觉的角度看，声音的质量特性主要体现在音调、音强和音色三个方面。

音调与声音的频率有关，频率快则声音尖高，频率慢则声音显得低沉。声音按频率可分为：次声（小于 20 Hz）、可听声（20 ~ 20 000 Hz）和超声（大于 20 000 Hz）。

音强即声音音量，它与声波的振动幅度有关，反映了声音的大小和强弱，振幅大则音量大。

振幅和周期都不变的声音称为纯音，但自然界中的大部分声音一般都不是纯音，而是由不同振幅的声波组合起来的一种复音。在复音中的最低频率称为该复音的基频。复音中其他频率称之为泛音，基频和泛音组合起来，决定了声音的音色，使人们有可能对不同的声音特征加以辨认。

【文档结束】

**操作题3.** （5分，难度系数0.9）

【要求】将文字中“世贸组织”替换成“WTO”。

【文档开始】

世界贸易组织总部设在瑞士日内瓦莱蒙湖畔。世贸组织的第一任总干事是意大利前外贸部长雷纳托·鲁杰罗，第二任总干事是新西兰前总理麦克·穆尔，第三任总干事是泰国前副总理兼商业部长素帕猜，第四任总干事是欧盟前贸易谈判代表帕斯卡尔·拉米。

建立世贸组织的设想是在1944年7月举行的布雷顿森林会议上提出的，当时设想在成立世界银行和国际货币基金组织的同时，成立一个国际性贸易组织，从而使它们成为二次大战后左右世界经济的“货币－金融－贸易”三位一体的机构。1947年联合国贸易及就业会议签署的《哈瓦那宪章》同意成立世贸组织，后来由于美国的反对，世贸组织不能成立。同年，美国发起拟订了关贸总协定，作为推行贸易自由化的临时契约。1986年关贸总协定乌拉圭回合谈判启动后，欧共体和加拿大于1990年分别正式提出成立世贸组织的议案，1994年4月在摩洛哥马拉喀什举行的关贸总协定部长级会议才正式决定成立世贸组织。

2003年8月30日，世贸组织总理事会一致通过了关于实施专利药品强制许可制度的最后文件。根据这份文件的规定，发展中成员和最不发达成员因艾滋病、疟疾、肺结核及其他流行疾病而发生公共健康危机时，可在未经专利权人许可的情况下，在其内部通过实施专利强制许可制度，生产、使用和销售有关治疗导致公共健康危机疾病的专利药品。这不仅将大大降低相关专利药品的市场价格，而且将有利于更迅速和有效地控制、缓解公共健康危机，确保生命健康基本权利得到尊重和保护。

【文档结束】

**参考答案：**

【文档开始】

世界贸易组织总部设在瑞士日内瓦莱蒙湖畔。WTO的第一任总干事是意大利前外贸部长雷纳托·鲁杰罗，第二任总干事是新西兰前总理麦克·穆尔，第三任总干事是泰国前副总理兼商业部长素帕猜，第四任总干事是欧盟前贸易谈判代表帕斯卡尔·拉米。

建立WTO的设想是在1944年7月举行的布雷顿森林会议上提出的，当时设想在成立世界银行和国际货币基金组织的同时，成立一个国际性贸易组织，从而使它们成为二次大战后左右世界经济的“货币－金融－贸易”三位一体的机构。1947年联合国贸易及就业会议签署的《哈瓦那宪章》同意成立WTO，后来由于美国的反对，WTO不能成立。同年，美国发起拟订了关贸总协定，作为推行贸易自由化的临时契约。1986年关贸总协定乌拉圭回合谈判启动后，欧共体和加拿大于1990年分别正式提出成立WTO的议案，1994年4月在摩洛哥马拉喀什举行的关贸总协定部长级会议才正式决定成立WTO。

2003年8月30日，WTO总理事会一致通过了关于实施专利药品强制许可制度的最后文件。根据这份文件的规定，发展中成员和最不发达成员因艾滋病、疟疾、肺结核及其他流行疾病而发生公共健康危机时，可在未经专利权人许可的情况下，在其内部通过实施专利强制许可制度，生产、使用和销售有关治疗导致公共健康危机疾病的专利药品。这不仅将大大降低相关专利药品的市场价格，而且将有利于更迅速和有效地控制、缓解公共健康危机，确保生命健康基本权利得到尊重和保护。

【文档结束】

## 知识点4.3.3　高级替换

**操作题1.**（5分，难度系数0.6）

【要求】将文档中的“生硬”替换为红色、黑体的“声音”。

【文档开始】

生硬是什么

就人而言，生硬是指人耳听到的那些东西，话音、歌声、音乐以及人们并不爱听的一些噪音都是生硬的表现形式。

从本质上说，生硬是一种振动，一个物体向后和向前运动（振动），瞬间把它附近的空气往一边推，然后返回原处时产生了一点真空，这个过程称为振动。

一系列振动产生了一个波，就像把一块石头扔进水中时产生波纹一样。以波的形式运动的空气粒子使你的耳鼓膜振动，并传给内耳神经末梢，内耳神经末梢再接着把这些振动脉冲传送给大脑，大脑把它们感知为生硬。

【文档结束】

**参考答案：**

【文档开始】

**声音**是什么

就人而言，**声音**是指人耳听到的那些东西，话音、歌声、音乐以及人们并不爱听的一些噪音都是**声音**的表现形式。

从本质上说，**声音**是一种振动，一个物体向后和向前运动（振动），瞬间把它附近的空气往一边推，然后返回原处时产生了一点真空，这个过程称为振动。

一系列振动产生了一个波，就像把一块石头扔进水中时产生波纹一样。以波的形式运动的空气粒子使你的耳鼓膜振动，并传给内耳神经末梢，内耳神经末梢再接着把这些振动脉冲传送给大脑，大脑把它们感知为**声音**。

【文档结束】

**操作题2.**（5分，难度系数0.6）

【要求】将文字中“谐音”替换为带着重号、波浪线下划线的“泛音”。

【文档开始】

音调、音强与音色

声音是模拟信号的一种，从人耳听觉的角度看，声音的质量特性主要体现在音调、音强和音色三个方面。

音调与声音的频率有关，频率快则声音尖高，频率慢则声音显得低沉。声音按频率可分为：次声（小于20Hz）、可听声（20～20 000 Hz）和超声（大于20 000 Hz）。

音强即声音音量，它与声波的振动幅度有关，反映了声音的大小和强弱，振幅大则音量大。

振幅和周期都不变的声音称为纯音，但自然界中的大部分声音一般都不是纯音，而是由不同振幅的声波组合起来的一种复音。在复音中的最低频率称为该复音的基频。复音中其他频率称之为谐音，基频和谐音组合起来，决定了声音的音色，使人们有可能对不同的声音特征加以辨认。

【文档结束】

**参考答案：**

【文档开始】

音调、音强与音色

声音是模拟信号的一种，从人耳听觉的角度看，声音的质量特性主要体现在音调、音强和音色三个方面。

音调与声音的频率有关，频率快则声音尖高，频率慢则声音显得低沉。声音按频率可分为：次声（小于20Hz）、可听声（20～20 000 Hz）和超声（大于20 000Hz）。

音强即声音音量，它与声波的振动幅度有关，反映了声音的大小和强弱，振幅大则音量大。

振幅和周期都不变的声音称为纯音，但自然界中的大部分声音一般都不是纯音，而是由不同振幅的声波组合起来的一种复音。在复音中的最低频率称为该复音的基频。复音中其他频率称之为泛音，基频和泛音组合起来，决定了声音的音色，使人们有可能对不同的声音特征加以辨认。

【文档结束】

**操作题3.**（5分，难度系数0.6）

【要求】将文字中“世贸组织”替换成一号、倾斜、带双删除线的“WTO”。

【文档开始】

世界贸易组织总部设在瑞士日内瓦莱蒙湖畔。世贸组织的第一任总干事是意大利前外贸部长雷纳托·鲁杰罗，第二任总干事是新西兰前总理麦克·穆尔，第三任总干事是泰国前副总理兼商业部长素帕猜，第四任总干事是欧盟前贸易谈判代表帕斯卡尔·拉米。

建立世贸组织的设想是在1944年7月举行的布雷顿森林会议上提出的，当时设想在成立世界银行和国际货币基金组织的同时，成立一个国际性贸易组织，从而使它们成为二次大战后左右世界经济的“货币－金融－贸易”三位一体的机构。1947年联合国贸易及就业会议签署的《哈瓦那宪章》同意成立世贸组织，后来由于美国的反对，世贸组织不能成立。同年，美国发起拟订了关贸总协定，作为推行贸易自由化的临时契约。1986年关贸总协定乌拉圭回合谈判启动后，欧共体和加拿大于1990年分别正式提出成立世贸组织的议案，1994 年 4 月在摩洛哥马拉喀什举行的关贸总协定部长级会议才正式决定成立世贸组织。

2003 年 8 月 30 日，世贸组织总理事会一致通过了关于实施专利药品强制许可制度的最后文件。根据这份文件的规定，发展中成员和最不发达成员因艾滋病、疟疾、肺结核及其他流行疾病而发生公共健康危机时，可在未经专利权人许可的情况下，在其内部通过实施专利强制许可制度，生产、使用和销售有关治疗导致公共健康危机疾病的专利药品。这不仅将大大降低相关专利药品的市场价格，而且将有利于更迅速和有效地控制、缓解公共健康危机，确保生命健康基本权利得到尊重和保护。

【文档结束】

**参考答案：**

【文档开始】

世界贸易组织总部设在瑞士日内瓦莱蒙湖畔。WTO的第一任总干事是意大利前外贸部长雷纳托·鲁杰罗，第二任总干事是新西兰前总理麦克·穆尔，第三任总干事是泰国前副总理兼商业部长素帕猜，第四任总干事是欧盟前贸易谈判代表帕斯卡尔·拉米。

建立WTO的设想是在 1944 年 7 月举行的布雷顿森林会议上提出的，当时设想在成立世界银行和国际货币基金组织的同时，成立一个国际性贸易组织，从而使它们成为二次大战后左右世界经济的“货币－金融－贸易”三位一体的机构。1947 年联合国贸易及就业会议签署的《哈瓦那宪章》同意成立WTO，后来由于美国的反对，WTO不能成立。同年，美国发起拟订了关贸总协定，作为推行贸易自由化的临时契约。1986 年关贸总协定乌拉圭回合谈判启动后，欧共体和加拿大于 1990 年分别正式提出成立WTO的议案，1994 年 4 月在摩洛哥马拉喀什举行的关贸总协定部长级会议才正式决定成立WTO。

2003 年 8 月 30 日，WTO总理事会一致通过了关于实施专利药品强制许可制度的最后文件。根据这份文件的规定，发展中成员和最不发达成员因艾滋病、疟疾、肺结核及其他流行疾病而发生公共健康危机时，可在未经专利权人许可的情况下，在其内部通过实施专利强制许可制度，生产、使用和销售有关治疗导致公共健康危机疾病的专利药品。这不仅将大大降低相关专利药品的市场价格，而且将有利于更迅速和有效地控制、缓解公共健康危机，确保生命健康基本权利得到尊重和保护。

【文档结束】

# 4.4 文档格式化

## 知识点4.4.1 字体（中西文）、字形、字号、颜色

**操作题1.**（5分，难度系数0.9）

【要求】对下列文字分别设置①宋体、②黑体、③仿宋、④楷体、⑤Times New roman。

【文档开始】

①武汉市财政学校

②武汉市财政学校

③武汉市财政学校

④武汉市财政学校

⑤break into break off break out break the rule

【文档结束】

**参考答案：**

【文档开始】

①武汉市财政学校

②**武汉市财政学校**

③武汉市财政学校

④武汉市财政学校

⑤break into break off break out break the rule

【文档结束】

**操作题2.**（3分，难度系数0.9）

【要求】对下列文字的字型分别设置①常规、②倾斜、③加粗。

【文档开始】

①武汉市财政学校

②武汉市财政学校

③武汉市财政学校

【文档结束】

**参考答案：**

【文档开始】

①武汉市财政学校

*②武汉市财政学校*

③武汉市财政学校

【文档结束】

**操作题 3.** （10 分，难度系数 0.75）

【要求】

1. 将标题（“水调歌头”）设置为三号黑体字，加粗、字符间距加宽 2 磅。
2. 正文部分设置为四号、仿宋、倾斜、蓝色。

【文档开始】

水调歌头

明月几时有，把酒问青天。

不知天上宫阙，今夕是何年。

我欲乘风归去，又恐琼楼玉宇，高处不胜寒。

起舞弄清影，何似在人间。

转朱阁，低绮户，照无眠。

不应有恨，何事长向别时圆。

人有悲欢离合，月有阴晴圆缺，此事古难全。

但愿人长久，千里共婵娟。

【文档结束】

**参考答案：**

【文档开始】

**水 调 歌 头**

*明月几时有，把酒问青天。*

*不知天上宫阙，今夕是何年。*

*我欲乘风归去，又恐琼楼玉宇，高处不胜寒。*

*起舞弄清影，何似在人间。*

*转朱阁，低绮户，照无眠。*

*不应有恨，何事长向别时圆。*

*人有悲欢离合，月有阴晴圆缺，此事古难全。*

*但愿人长久，千里共婵娟。*

【文档结束】

**操作题4.** （10分，难度系数0.75）

【要求】

1. 将标题文字“我们都是好孩子”设为黑体，24磅，红色，加粗。

2. 正文文字设为隶书、12磅、倾斜。

【文档开始】

# 我们都是好孩子

人们常说，醉过方知酒浓，爱过方知情重。说的是人的后知后觉，我们都是凡夫俗子，当然不会未卜先知。我们过得越复杂就越是怀念单纯。回过头看看，这条道上满满的血与泪冲击着我的眼眸。心底如针扎，人还没有老去，心就已经千疮百孔。然后在每天夜深人静的时候，又要一针一线地缝补起来，因为很怕走进来的人会淋到雨。

脑海里又传来SHE《不想长大》：“我不想，我不想不想长大，长大后我就会失去他。”是谁？我失去的是我的洋娃娃，还是深爱我的他？你们有没有玩过玻璃弹珠，有没有一个玩具叫纸牌，上面有电影明星，电影剧照的那种，有没有跳过皮筋？我想一定有的，每个人的电影里都有一个竹篱笆下，光着脚丫的小孩。

青梅与竹马的故事，每个人都曾经是里面的主角，或哭或笑，不知道哆啦A梦能不能用时光机把我送回那个懵懂的年代。

从小，可能是由于性格的缘故，我的异性缘特别好。有一帮的好哥们儿。小Z就是其中一个。一到暑假，我们总爱往地里跑，抓一把泥巴，捏小人，捏水果，喜欢什么捏什么。那时候有一部电视剧就是讲捏泥巴的（其实是陶土），主人公是个侏儒，他喜欢上一个漂亮的女孩子，他天天用泥巴捏她的样子，后来放进土窑里烧，想送给她做结婚礼物。可是等他烧成了，女孩却死了，留下一尊白得发亮瓷像。

我们也学着主人公的模样，把捏好的人、水果、弹珠全放到火里烧。心里美美地想着，嘻嘻嘻嘻，也不知道乐什么。烧了一阵，用小木棍挑出来，一看，黑乎乎的，硬梆梆的，有的还裂开了口子。可是我们还是很高兴，小Z说“下次再烧久一点说不定就成了”。我也点头称是。

他们都起哄说让我和小Z扮家家。那一年我们十一岁，似懂非懂的年龄，被他们闹得都有点难为情。

【文档结束】

参考答案：

【文档开始】

# **我们都是好孩子**

*人们常说，醉过方知酒浓，爱过方知情重。说的是人的后知后觉，我们都是凡夫俗子，当然不会未卜先知。我们过得越复杂就越是怀念单纯。回过头看看，这条道上满满的血与泪冲击着我的眼眸。心底如针扎，人还没有老*

去，心就已经千疮百孔。然后在每天夜深人静的时候，又要一针一线地缝补起来，因为很怕走进来的人会淋到雨。

脑海里又传来SHE《不想长大》："我不想，我不想不想长大，长大后我就会失去他。"是谁？我失去的是我的洋娃娃，还是深爱我的他？你们有没有玩过玻璃弹珠，有没有一个玩具叫纸牌，上面有电影明星，电影剧照的那种，有没有跳过皮筋？我想一定有的，每个人的电影里都有一个竹篱笆下，光着脚丫的小孩。

青梅与竹马的故事，每个人都曾经是里面的主角，或哭或笑，不知道哆啦A 梦能不能用时光机把我送回那个懵懂的年代。

从小，可能是由于性格的缘故，我的异性缘特别好。有一帮的好哥们儿。小Z 就是其中一个。一到暑假，我们总爱往地里跑，抓一把泥巴，捏小人，捏水果，喜欢什么捏什么。那时候有一部电视剧就是讲捏泥巴的（其实是陶土），主人公是个侏儒，他喜欢上一个漂亮的女孩子，他天天用泥巴捏她的样子，后来放进土窑里烧，想送给她做结婚礼物。可是等他烧成了，女孩却死了，留下一尊白得发亮瓷像。

我们也学着主人公的模样，把捏好的人、水果、弹珠全放到火里烧。心里美美地想着，嘻嘻嘻嘻，也不知道乐什么。烧了一阵，用小木棍挑出来，一看，黑乎乎的，硬梆梆的，有的还裂开了口子。可是我们还是很高兴，小Z说"下次再烧久一点说不定就成了。"我也点头称是。

他们都起哄说让我和小Z 扮家家。那一年我们十一岁，似懂非懂的年龄，被他们闹得都有点难为情。

【文档结束】

**操作题5.**（10分，难度系数0.75）

【要求】

1. 将全文中文字体设置为幼圆、小四、浅蓝；
2. 全文西文字体设置为Verdana。

【文档开始】

CyanogenMod是一个基于开源Android系统修改定制的发行版。它提供一些在官方Android系统或手机厂商没有提供的功能。例如，支持Free Lossless Audio Codec-FLAC（无损音频压缩编码）音频格式的音乐，多点触控，从SD外置存储器运行程序，压缩缓存，大量APN的名单，重新启动功能，Wi-Fi无线网络支持，蓝牙，USB网络分享等。CyanogenMod也是第一个使用BFS作任务管理器的操作系统。CyanogenMod声称提供比官方固件版本更高和更可靠性能。

Smartisan OS 是中国大陆科技公司锤子科技即将推出的一款基于 CyanogenMod 而深度定制的 Android 移动操作系统，俗称“锤子 ROM”。它大幅修改了 Android 本地的用户界面并新增了多项个性化的功能。该系统于 2013 年 3 月 27 日在北京国家会议中心的“锤子智能手机操作系统发布会”上，由锤子科技的创始人罗永浩首次公布。

【文档结束】

**参考答案：**

【文档开始】

CyanogenMod 是一个基于开源 Android 系统修改定制的发行版。它提供一些在官方 Android 系统或手机厂商没有提供的功能。例如，支持 Free Lossless Audio Codec-FLAC（无损音频压缩编码）音频格式的音乐，多点触控，从 SD 外置存储器运行程序，压缩缓存，大量 APN 的名单，重新启动功能，Wi-Fi 无线网络支持，蓝牙，USB 网络分享等。CyanogenMod 也是第一个使用 BFS 作任务管理器的操作系统。CyanogenMod 声称提供比官方固件版本更高和更可靠性能。

Smartisan OS 是中国大陆科技公司锤子科技即将推出的一款基于 CyanogenMod 而深度定制的 Android 移动操作系统，俗称“锤子 ROM”。它大幅修改了 Android 本地的用户界面并新增了多项个性化的功能。该系统于 2013 年 3 月 27 日在北京国家会议中心的“锤子智能手机操作系统发布会”上，由锤子科技的创始人罗永浩首次公布。

【文档结束】

## 知识点 4.4.2　下划线、着重号

**操作题 1.**（3 分，难度系数 0.9）

【要求】对下列文字设置成蓝色、下划线、着重号、删除线。

【文档开始】

# 武汉市财政学校

【文档结束】

**参考答案：**

【文档开始】

# 武汉市财政学校

【文档结束】

**操作题 2.** （10 分，难度系数 0.9）

【要求】

1. 将标题文字“水调歌头”设置为黑体、二号、带波浪线下划线；
2. 正文文字设置为华文行楷、14 磅、倾斜、带着重号。

【文档开始】

水调歌头

明月几时有，把酒问青天。

不知天上宫阙，今夕是何年。

我欲乘风归去，又恐琼楼玉宇，高处不胜寒。

起舞弄清影，何似在人间。

转朱阁，低绮户，照无眠。

不应有恨，何事长向别时圆。

人有悲欢离合，月有阴晴圆缺，此事古难全。

但愿人长久，千里共婵娟。

【文档结束】

**参考答案：**

【文档开始】

**水调歌头**

*明月几时有，把酒问青天。*

*不知天上宫阙，今夕是何年。*

*我欲乘风归去，又恐琼楼玉宇，高处不胜寒。*

*起舞弄清影，何似在人间。*

*转朱阁，低绮户，照无眠。*

*不应有恨，何事长向别时圆。*

*人有悲欢离合，月有阴晴圆缺，此事古难全。*

*但愿人长久，千里共婵娟。*

【文档结束】

**操作题 3.** （10 分，难度系数 0.9）

【要求】

1. 将标题文字“浣溪沙”设置为隶书、一号、双下划线、绿色；
2. 正文文字设置为四号、仿宋、倾斜、带着重号。

【文档开始】

浣溪沙

一曲新词酒一杯。

去年天气旧亭台。

夕阳西下几时回。

无可奈何花落去，似曾相识燕归来。

小园香径独徘徊。

【文档结束】

**参考答案：**

【文档开始】

**浣溪沙**

*一曲新词酒一杯。*

*去年天气旧亭台。*

*夕阳西下几时回。*

*无可奈何花落去，似曾相识燕归来。*

*小园香径独徘徊。*

【文档结束】

## 知识点 4.4.3　上下标

**操作题 1.** （2 分，难度系数 0.75）

【要求】对照样图 4－4－3－1 设置上下标。

$$y_1=ax^2+bx+c$$

**图 4－4－3－1**

【文档开始】

y1 = ax2 + bx + c

【文档结束】

**操作题 2.** （5 分，难度系数 0.75）

【要求】对照样图 4－4－3－2 设置上下标。

$$y=a^1x_3+a^2x2+a_3x5+a4+a^1xy_2$$

图 4－4－3－2

【文档开始】

y = a1x3 + a2x2 + a3x5 + a4 + a1xy2

【文档结束】

**操作题 3.**（15 分，难度系数 0.6）

【要求】

1．正文中除“Fn＝P(1＋i)n”外，其他字符：中文，四号宋体；英文，四号 Times New Roman。

2．第一段中的“资金时间价值”：加粗、红色；“终值”和“现值”：倾斜、提升 10 磅。

3．第二段公式“Fn＝P(1＋i)n”：小一、倾斜、设置上下标，效果如参考答案所示。

4．第三段中的“复利终值系数”添加双下划线，“当利率……最终价值”添加着重号。

【文档开始】

在资金时间价值的计算中涉及终值和现值，而终值和现值的计算又涉及利息计算方式的选择。下面是复利的终值的计算公式：

Fn＝P(1＋i)n

式中的（1＋i)n 称为复利终值系数，用（F/P，i，n）表示，其含义为当利率为 i 时，经过 n 期后，1 元本金的最终价值。

【文档结束】

**参考答案：**

【文档开始】

**资金时间价值**的计算中涉及$^{\textit{终值}}$和$^{\textit{现值}}$，而终值和现值的计算又涉及利息计算方式的选择。下面是复利的终值的计算公式：

$$F_n=P(1+i)^n$$

式中的$(1+i)^n$称为复利终值系数，用（F/P，i，n）表示，其含义当利率为 i 时，经过 n 期后，1 元本金的最终价值。

【文档结束】

## 知识点 4.4.4　字符高级设置（间距和位置）

**操作题 1.**（2 分，难度系数 0.9）

【要求】将文字字符间距缩放 150%，加宽 2 磅。

【文档开始】

武汉市财政学校

【文档结束】

**参考答案：**

【文档开始】

武　汉　市　财　政　学　校

【文档结束】

**操作题 2.**（2 分，难度系数 0.75）

【要求】

1. 将文字“终值”和“现值”位置提升 7 磅；

2. “资金时间价值”字符间距紧缩 1.5 磅。

【文档开始】

在资金时间价值的计算中涉及终值和现值，而终值和现值的计算又涉及利息计算方式的选择。

【文档结束】

**参考答案：**

【文档开始】

在资金时间价值的计算中涉及终值和现值，而终值和现值的计算又涉及利息计算方式的选择。

【文档结束】

**操作题 3.**（2 分，难度系数 0.75）

【要求】

1. 将全文字符间距加宽 3 磅；

2. 文字“生活”位置提升 10 磅，文字“无怨无悔”位置降低 8 磅。

【文档开始】

生活中有许多事情，我们不能改变，但我们可以尽力而为。也许人生中有许多情形，我们无力而为，但我们可以用心对待。无论艰难还是曲折，不论悲伤还是痛苦，我们都不能失去信心，放弃心中的信念。面对人生种种，尽力了用心了，即使达不到心中的愿望，我们也无怨无悔。

【文档结束】

**参考答案：**

【文档开始】

生活中有许多事情，我们不能改变，但我们可以尽力而为。也许人生中有许多情形，我们无力而为，但我们可以用心对待。无论艰难还是曲折，不论悲伤还是痛苦，我们都不能失去信心，放弃心中的信念。面对人生种种，尽力了用心了，即使达不到心中的愿望，我们也无怨无悔。

【文档结束】

## 知识点4.4.5 文本效果

**操作题1.** （2分，难度系数0.75）

【要求】给下列文字添加效果，参数同文字。

【文档开始】

**渐变填充—灰色，轮廓—灰色**

**轮廓—蓝色，强调文字颜色1，深色25%**

【文档结束】

**参考答案：**

【文档开始】

**渐变填充—灰色，轮廓—灰色**

**轮廓—蓝色，强调文字颜色1，深色25%**

【文档结束】

**操作题2.** （3分，难度系数0.75）

【要求】给下列文字添加效果，参数同文字。

【文档开始】

**阴影—外部—向右偏移**

映像—全映像，8pt 偏移量

发光 一紫色，18pt 发光，强调文字颜色 4

【文档结束】

参考答案：

【文档开始】

阴影—外部—向右偏移

映像—全映像，8pt 偏移量

发光一紫色，18pt 发光，强调文字颜色 4

【文档结束】

**操作题 3.** （2 分，难度系数 0.9）

【要求】将下列文字效果设置如参考答案所示。

【文档开始】

武汉市财政学校

【文档结束】

参考答案：

【文档开始】

武汉市财政学校

【文档结束】

## 知识点 4.4.6　对齐方式（两端，居中、右）

**操作题 1.** （2 分，难度系数 0.9）

【要求】将下列文字设置为左对齐。

【文档开始】

break into break off break out break the rule break up breath breathe brick brief bring down bring in bring on bring up British broad broadcast brotherhood bucket build up burial burn burn

段落缩进的特殊格式是指首行缩进和悬挂缩进。一般首行缩进两个字符，在报刊杂志上可以看到悬挂缩进。

【文档结束】

**参考答案:**

【文档开始】

break into break off break out break the rule break up breath breathe brick brief bring down bring in bring on bring up British broad broadcast brotherhood bucket build up burial burn burn

段落缩进的特殊格式是指首行缩进和悬挂缩进。一般首行缩进两个字符，在报刊杂志上可以看到悬挂缩进。

【文档结束】

**操作题 2.**（2 分，难度系数 0.9）

【要求】将下列文字设置为两端对齐。

【文档开始】

break into break off break out break the rule break up breath breathe brick brief bring down bring in bring on bring up British broad broadcast brotherhood bucket build up burial burn burn

段落缩进的特殊格式是指首行缩进和悬挂缩进。一般首行缩进两个字符，在报刊杂志上可以看到悬挂缩进。

【文档结束】

**参考答案:**

【文档开始】

break into break off break out break the rule break up breath breathe brick brief bring down bring in bring on bring up British broad broadcast brotherhood bucket build up burial burn burn

段落缩进的特殊格式是指首行缩进和悬挂缩进。一般首行缩进两个字符，在报刊杂志上可以看到悬挂缩进。

【文档结束】

**操作题 3.**（2 分，难度系数 0.9）

【要求】将文字设置为居中对齐。

【文档开始】

break into break off break out break the rule

段落缩进的特殊格式是指首行缩进和悬挂缩进

【文档结束】

**参考答案:**

【文档开始】

break into break off break out break the rule

段落缩进的特殊格式是指首行缩进和悬挂缩进

【文档结束】

**操作题 4.**（2 分，难度系数 0.9）

【要求】将文字设置为右对齐。

【文档开始】

break into break off break out break the rule

段落缩进的特殊格式是指首行缩进和悬挂缩进

【文档结束】

**参考答案：**

【文档开始】

break into break off break out break the rule

段落缩进的特殊格式是指首行缩进和悬挂缩进

【文档结束】

**操作题 5.**（2 分，难度系数 0.9）

【要求】将文字设置为分散对齐。

【文档开始】

break into break off break out break the rule

段落缩进的特殊格式是指首行缩进和悬挂缩进

【文档结束】

**参考答案：**

【文档开始】

break　into　break　off　break　out　break　the　rule

段 落 缩 进 的 特 殊 格 式 是 指 首 行 缩 进 和 悬 挂 缩 进

【文档结束】

## 知识点 4.4.7　段落缩进（字符、厘米）

**操作题 1.**（2 分，难度系数 0.9）

【要求】将下列四段文字设置左缩进 5 字符，右缩进 7 字符。

【文档开始】

按照《××市 2013 年考试录用公务员工作实施方案》（×人社发〔2013〕12 号）等规定，经过报名、笔试等程序，你被确定为所报考职位的面试对象，并经招录机关资格复审合格。欢迎你参加××市××局公务员面试。
一、面试时间：2013 年×月×日上午 8：30 开始，请务必根据××市××局公布的《面试人员名单及候考时间安排》进行面试。
二、面试地址：××市××局（东湖高新开发区×路×号主楼第×层×室），乘车参考路线：乘 11、14、108、116、135、235 路公交车等均可到达。
三、面试所需资料：请持此通知书、笔试准考证和本人有效居民身份证（含参加笔试时所持有关证件）（均为原件）参加面试。
四、面试当天不报到或不按时报到的，视为自动弃权。凡因弄虚作假等原因致使报考资料与报考条件规定不符而进入面试、体检、考察等环节的，一经查处，即按有关规定给予取消相应环节资格等处理。

【文档结束】

**参考答案：**

【文档开始】

按照《××市 2013 年考试录用公务员工作实施方案》（×人社发〔2013〕12 号）等规定，经过报名、笔试等程序，你被确定为所报考职位的面试对象，并经招录机关资格复审合格。欢迎你参加××市××局公务员面试。

一、面试时间：2013 年×月×日上午 8：30 开始，请务必根据××市××局公布的《面试人员名单及候考时间安排》进行面试。

二、面试地址：××市××局（东湖高新开发区×路×号主楼第×层×室），乘车参考路线：乘 11、14、108、116、135、235 路公交车等均可到达。

三、面试所需资料：请持此通知书、笔试准考证和本人有效居民身份证（含参加笔试时所持有关证件）（均为原件）参加面试。

四、面试当天不报到或不按时报到的，视为自动弃权。凡因弄虚作假等原因致使报考资料与报考条件规定不符而进入面试、体检、考察等环节的，一经查处，即按有关规定给予取消相应环节资格等处理。

【文档结束】

**操作题 2.**（2 分，难度系数 0.75）

【要求】将下列四段文字设置左缩进 1.5 厘米，右缩进 1 厘米。

【文档开始】

按照《××市 2013 年考试录用公务员工作实施方案》（×人社发〔2013〕12 号）等规

定，经过报名、笔试等程序，你被确定为所报考职位的面试对象，并经招录机关资格复审合格。欢迎你参加××市××局公务员面试。
一、面试时间：2013年×月×日上午8：30开始，请务必根据××市××局公布的《面试人员名单及候考时间安排》进行面试。
二、面试地址：××市××局（东湖高新开发区×路×号主楼第×层×室），乘车参考路线：乘11、14、108、116、135、235路公交车等均可到达。
三、面试所需资料：请持此通知书、笔试准考证和本人有效居民身份证（含参加笔试时所持有关证件）（均为原件）参加面试。
四、面试当天不报到或不按时报到的，视为自动弃权。凡因弄虚作假等原因致使报考资料与报考条件规定不符而进入面试、体检、考察等环节的，一经查处，即按有关规定给予取消相应环节资格等处理。

【文档结束】

**参考答案：**

【文档开始】

按照《××市2013年考试录用公务员工作实施方案》（×人社发〔2013〕12号）等规定，经过报名、笔试等程序，你被确定为所报考职位的面试对象，并经招录机关资格复审合格。欢迎你参加××市××局公务员面试。

一、面试时间：2013年×月×日上午8：30开始，请务必根据××市××局公布的《面试人员名单及候考时间安排》进行面试。

二、面试地址：××市××局（东湖高新开发区×路×号主楼第×层×室），乘车参考路线：乘11、14、108、116、135、235路公交车等均可到达。

三、面试所需资料：请持此通知书、笔试准考证和本人有效居民身份证（含参加笔试时所持有关证件）（均为原件）参加面试。

四、面试当天不报到或不按时报到的，视为自动弃权。凡因弄虚作假等原因致使报考资料与报考条件规定不符而进入面试、体检、考察等环节的，一经查处，即按有关规定给予取消相应环节资格等处理。

【文档结束】

**操作题3.**（2分，难度系数0.9）

【要求】将下列四段文字设置首行缩进2字符。

【文档开始】

按照《××市2013年考试录用公务员工作实施方案》（×人社发〔2013〕12号）等规定，经过报名、笔试等程序，你被确定为所报考职位的面试对象，并经招录机关资格复审合格。欢迎你参加××市××局公务员面试。

一、面试时间：2013 年 × 月 × 日上午 8：30 开始，请务必根据 × × 市 × × 局公布的《面试人员名单及候考时间安排》进行面试。
二、面试地址：× × 市 × × 局（东湖高新开发区 × 路 × 号主楼第 × 层 × 室），乘车参考路线：乘 11、14、108、116、135、235 路公交车等均可到达。
三、面试所需资料：请持此通知书、笔试准考证和本人有效居民身份证（含参加笔试时所持有关证件）（均为原件）参加面试。
四、面试当天不报到或不按时报到的，视为自动弃权。凡因弄虚作假等原因致使报考资料与报考条件规定不符而进入面试、体检、考察等环节的，一经查处，即按有关规定给予取消相应环节资格等处理。

【文档结束】

**参考答案：**

【文档开始】

按照《× × 市 2013 年考试录用公务员工作实施方案》（× 人社发〔2013〕12 号）等规定，经过报名、笔试等程序，你被确定为所报考职位的面试对象，并经招录机关资格复审合格。欢迎你参加 × × 市 × × 局公务员面试。

一、面试时间：2013 年 × 月 × 日上午 8：30 开始，请务必根据 × × 市 × × 局公布的《面试人员名单及候考时间安排》进行面试。

二、面试地址：× × 市 × × 局（东湖高新开发区 × 路 × 号主楼第 × 层 × 室），乘车参考路线：乘 11、14、108、116、135、235 路公交车等均可到达。

三、面试所需资料：请持此通知书、笔试准考证和本人有效居民身份证（含参加笔试时所持有关证件）（均为原件）参加面试。

四、面试当天不报到或不按时报到的，视为自动弃权。凡因弄虚作假等原因致使报考资料与报考条件规定不符而进入面试、体检、考察等环节的，一经查处，即按有关规定给予取消相应环节资格等处理。

【文档结束】

**操作题 4.**（2 分，难度系数 0.75）

【要求】将下列四段文字设置为悬挂缩进 0.8 厘米。

【文档开始】

按照《× × 市 2013 年考试录用公务员工作实施方案》（× 人社发〔2013〕12 号）等规定，经过报名、笔试等程序，你被确定为所报考职位的面试对象，并经招录机关资格复审合格。欢迎你参加 × × 市 × × 局公务员面试。
一、面试时间：2013 年 × 月 × 日上午 8：30 开始，请务必根据 × × 市 × × 局公布的《面试人员名单及候考时间安排》进行面试。
二、面试地址：× × 市 × × 局（东湖高新开发区 × 路 × 号主楼第 × 层 × 室），乘车参考路线：乘 11、14、108、116、135、235 路公交车等均可到达。

三、面试所需资料：请持此通知书、笔试准考证和本人有效居民身份证（含参加笔试时所持有关证件）（均为原件）参加面试。

四、面试当天不报到或不按时报到的，视为自动弃权。凡因弄虚作假等原因致使报考资料与报考条件规定不符而进入面试、体检、考察等环节的，一经查处，即按有关规定给予取消相应环节资格等处理。

【文档结束】

**参考答案：**

【文档开始】

按照《××市2013年考试录用公务员工作实施方案》（×人社发〔2013〕12号）等规定，经过报名、笔试等程序，你被确定为所报考职位的面试对象，并经招录机关资格复审合格。欢迎你参加××市××局公务员面试。

一、面试时间：2013年×月×日上午8：30开始，请务必根据××市××局公布的《面试人员名单及候考时间安排》进行面试。

二、面试地址：××市××局（东湖高新开发区×路×号主楼第×层×室），乘车参考路线：乘11、14、108、116、135、235路公交车等均可到达。

三、面试所需资料：请持此通知书、笔试准考证和本人有效居民身份证（含参加笔试时所持有关证件）（均为原件）参加面试。

四、面试当天不报到或不按时报到的，视为自动弃权。凡因弄虚作假等原因致使报考资料与报考条件规定不符而进入面试、体检、考察等环节的，一经查处，即按有关规定给予取消相应环节资格等处理。

【文档结束】

## 知识点4.4.8　间距（段前、段后、行距）

**操作题1.**（3分，难度系数0.75）

【要求】设置下列文字1.3倍行距，段前0.5行，段后1.5行。

【文档开始】

按照《××市2013年考试录用公务员工作实施方案》（×人社发〔2013〕12号）等规定，经过报名、笔试等程序，你被确定为所报考职位的面试对象，并经招录机关资格复审合格。欢迎你参加××市××局公务员面试。

一、面试时间：2013年×月×日上午8：30开始，请务必根据××市××局公布的《面试人员名单及候考时间安排》进行面试。

二、面试地址：××市××局（东湖高新开发区×路×号主楼第×层×室），乘车参考路线：乘11、14、108、116、135、235路公交车等均可到达。

三、面试所需资料：请持此通知书、笔试准考证和本人有效居民身份证（含参加笔试时所持有关证件）（均为原件）参加面试。

【文档结束】

**参考答案：**

【文档开始】

按照《××市2013年考试录用公务员工作实施方案》（×人社发〔2013〕12号）等规定，经过报名、笔试等程序，你被确定为所报考职位的面试对象，并经招录机关资格复审合格。欢迎你参加××市××局公务员面试。

一、面试时间：2013年×月×日上午8：30开始，请务必根据××市××局公布的《面试人员名单及候考时间安排》进行面试。

二、面试地址：××市××局（东湖高新开发区×路×号主楼第×层×室），乘车参考路线：乘11、14、108、116、135、235路公交车等均可到达。

三、面试所需资料：请持此通知书、笔试准考证和本人有效居民身份证（含参加笔试时所持有关证件）（均为原件）参加面试。

【文档结束】

**操作题2.**（2分，难度系数0.9）

【要求】对下段文字进行行间距设置：固定值为20磅。

【文档开始】

按照《××市2013年考试录用公务员工作实施方案》（×人社发〔2013〕12号）等规定，经过报名、笔试等程序，你被确定为所报考职位的面试对象，并经招录机关资格复审合格。欢迎你参加××市××局公务员面试。

一、面试时间：2013年×月×日上午8：30开始，请务必根据××市××局公布的《面试人员名单及候考时间安排》进行面试。

二、面试地址：××市××局（东湖高新开发区×路×号主楼第×层×室），乘车参考路线：乘11、14、108、116、135、235路公交车等均可到达。

三、面试所需资料：请持此通知书、笔试准考证和本人有效居民身份证（含参加笔试时所持有关证件）（均为原件）参加面试。

【文档结束】

**参考答案：**

【文档开始】

按照《××市2013年考试录用公务员工作实施方案》（×人社发〔2013〕12号）等规定，经过报名、笔试等程序，你被确定为所报考职位的面试对象，并经招录机关资格复审合格。欢迎你参加××市××局公务员面试。

一、面试时间：2013年×月×日上午8：30开始，请务必根据××市××局公布的《面试人员名单及候考时间安排》进行面试。

二、面试地址：××市××局（东湖高新开发区×路×号主楼第×层×室），乘车参考路线：乘11、14、108、116、135、235路公交车等均可到达。

三、面试所需资料：请持此通知书、笔试准考证和本人有效居民身份证（含参加笔试时所持有关证件）（均为原件）参加面试。

【文档结束】

**操作题3.**（5分，难度系数0.75）

【要求】将下列设置首行缩进2字符，22磅行距，第一自然段段后距3行。

【文档开始】

按照《××市2013年考试录用公务员工作实施方案》（×人社发〔2013〕12号）等规定，经过报名、笔试等程序，你被确定为所报考职位的面试对象，并经招录机关资格复审合格。欢迎你参加××市××局公务员面试。

一、面试时间：2013年×月×日上午8：30开始，请务必根据××市××局公布的《面试人员名单及候考时间安排》进行面试。

二、面试地址：××市××局（东湖高新开发区×路×号主楼第×层×室），乘车参考路线：乘11、14、108、116、135、235路公交车等均可到达。

三、面试所需资料：请持此通知书、笔试准考证和本人有效居民身份证（含参加笔试时所持有关证件）（均为原件）参加面试。

【文档结束】

**参考答案：**

【文档开始】

按照《××市2013年考试录用公务员工作实施方案》（×人社发〔2013〕12号）等规定，经过报名、笔试等程序，你被确定为所报考职位的面试对象，并经招录机关资格复审合格。欢迎你参加××市××局公务员面试。

一、面试时间：2013年×月×日上午8：30开始，请务必根据××市××局公布的《面试人员名单及候考时间安排》进行面试。

二、面试地址：××市××局（东湖高新开发区×路×号主楼第×层×室），乘车参考路线：乘11、14、108、116、135、235路公交车等均可到达。

三、面试所需资料：请持此通知书、笔试准考证和本人有效居民身份证（含参加笔试时所持有关证件）（均为原件）参加面试。

【文档结束】

# 4.5 排　　版

## 知识点4.5.1　首字下沉

**操作题1.**（2分，难度系数0.9）

【要求】设置首字下沉3行，隶书。

【文档开始】

也许人生中有许多情形，我们无力而为，但我们可以用心对待。无论艰难还是曲折，不论悲伤还是痛苦，我们都不能失去信心，放弃心中的信念。面对人生种种，尽力了用心了，即使达不到心中的愿望，我们也无怨无悔。

【文档结束】

**参考答案：**

【文档开始】

也许人生中有许多情形，我们无力而为，但我们可以用心对待。无论艰难还是曲折，不论悲伤还是痛苦，我们都不能失去信心，放弃心中的信念。面对人生种种，尽力了用心了，即使达不到心中的愿望，我们也无怨无悔。

【文档结束】

**操作题2.**（2分，难度系数0.9）

【要求】设置首字悬挂下沉2行，楷体。

【文档开始】

也许人生中有许多情形，我们无力而为，但我们可以用心对待。无论艰难还是曲折，不论悲伤还是痛苦，我们都不能失去信心，放弃心中的信念。面对人生种种，尽力了用心了，即使达不到心中的愿望，我们也无怨无悔。

【文档结束】

**参考答案：**

【文档开始】

也许人生中有许多情形，我们无力而为，但我们可以用心对待。无论艰难还是曲折，不论悲伤还是痛苦，我们都不能失去信心，放弃心中的信念。面对人生种种，尽力了用心了，即使达不到心中的愿望，我们也无怨无悔。

【文档结束】

**操作题 3.** （8 分，难度系数 0.6）

【要求】设置首字下沉 2 行，华文行楷，距正文 1 厘米，并设置为第三行第五列样式的文字效果。

【文档开始】

也许人生中有许多情形，我们无力而为，但我们可以用心对待。无论艰难还是曲折，不论悲伤还是痛苦，我们都不能失去信心，放弃心中的信念。面对人生种种，尽力了用心了，即使达不到心中的愿望，我们也无怨无悔。

【文档结束】

**参考答案：**

【文档开始】

也许人生中有许多情形，我们无力而为，但我们可以用心对待。无论艰难还是曲折，不论悲伤还是痛苦，我们都不能失去信心，放弃心中的信念。面对人生种种，尽力了用心了，即使达不到心中的愿望，我们也无怨无悔。

【文档结束】

## 知识点 4.5.2　项目符号和编号（基本设置）

**操作题 1.** （2 分，难度系数 0.9）

【要求】对照图 4－5－2－1 设置项目符号。

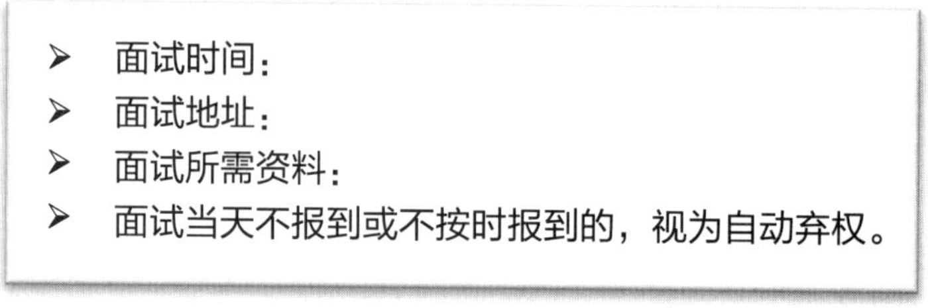

- ➢ 面试时间：
- ➢ 面试地址：
- ➢ 面试所需资料：
- ➢ 面试当天不报到或不按时报到的，视为自动弃权。

**图 4－5－2－1**

【文档开始】

面试时间：

面试地址：

面试所需资料：

面试当天不报到或不按时报到的，视为自动弃权。

【文档结束】

**操作题 2.** （2 分，难度系数 0.9）

【要求】对照图 4－5－2－2 设置项目符号。

A. 面试时间：
B. 面试地址：
C. 面试所需资料：
D. 面试当天不报到或不按时报到的，视为自动弃权。

**图 4－5－2－2**

【文档开始】

面试时间：

面试地址：

面试所需资料：

面试当天不报到或不按时报到的，视为自动弃权。

【文档结束】

**操作题 3.**（2 分，难度系数 0.9）

【要求】对第二段至第五段设置项目符号◆。

【文档开始】

节是文档的一部分。插入分节符之前，Word 将整篇文档视为一节。在需要改变行号、分栏数或页面页脚、页边距等特性时，需要创建新的节。

下一页：选择此项，光标当前位置后的全部内容将移到下一页面上。

连续：选择此项，Word 将在插入点位置添加一个分节符，新节从当前页开始。

偶数页：光标当前位置后的内容将转至下一个偶数页上，Word 自动在偶数页之间空出一页。

奇数页：光标当前位置后的内容将转至下一个奇数页上，Word 自动在奇数页之间空出一页。

【文档结束】

**参考答案：**

【文档开始】

节是文档的一部分。插入分节符之前，Word 将整篇文档视为一节。在需要改变行号、分栏数或页面页脚、页边距等特性时，需要创建新的节。

◆ 下一页：选择此项，光标当前位置后的全部内容将移到下一页面上。

◆ 连续：选择此项，Word 将在插入点位置添加一个分节符，新节从当前页开始。

◆ 偶数页：光标当前位置后的内容将转至下一个偶数页上，Word 自动在偶数页之间空出一页。

◆ 奇数页：光标当前位置后的内容将转至下一个奇数页上，Word 自动在奇数页之间空出一页。

【文档结束】

## 知识点 4.5.3　普通分栏

**操作题 1.**（3 分，难度系数 0.9）

【要求】将文字分为等宽两栏。

【文档开始】

也许人生中有许多情形，我们无力而为，但我们可以用心对待。无论艰难还是曲折，不论悲伤还是痛苦，我们都不能失去信心，放弃心中的信念。面对人生种种，尽力了用心了，即使达不到心中的愿望，我们也无怨无悔。

【文档结束】

**参考答案：**

【文档开始】

也许人生中有许多情形，我们无力而为，但我们可以用心对待。无论艰难还是曲折，不论悲伤还是痛苦，我们都不能失去信心，放弃心中的信念。面对人生种种，尽力了用心了，即使达不到心中的愿望，我们也无怨无悔。

【文档结束】

**操作题 2.**（5 分，难度系数 0.6）

【要求】将文字分为带分隔线的三栏，宽度不限，但要求第一栏和第三栏宽度一样。

【文档开始】

也许人生中有许多情形，我们无力而为，但我们可以用心对待。无论艰难还是曲折，不论悲伤还是痛苦，我们都不能失去信心，放弃心中的信念。面对人生种种，尽力了用心了，即使达不到心中的愿望，我们也无怨无悔。

【文档结束】

**参考答案：**

也许人生中有许多情形，我们无力而为，但我们可以用心对待。无论艰难还是曲折，不论悲伤还是痛苦，我们都不能失去信心，放弃心中的信念。面对人生种种，尽力了用心了，即使达不到心中的愿望，我们也无怨无悔。

【文档结束】

**操作题 3.**（8 分，难度系数 0.75）

【要求】将文字分为三栏；第一栏栏宽 8 字符，间距 3 字符；第二栏栏宽 14 字符，间距 2 字符；第三栏默认；有分隔线。

【文档开始】

“Howdy!”中国国务院副总理刘延东一句牛仔专用问候语，一下子拉近了与美国南部代表城市得克萨斯州休斯敦的距离。“我到休斯敦一下飞机、接到鲜花，就感受到了这里的热度和热情。”20 日亚洲协会得州中心举办的欢迎晚宴上，刘延东受到来自美南地区政、商、学各界友好人士和休斯敦华侨华人的热烈欢迎。

作为中美人文交流机制的创立者，刘延东将第六次出现在高层磋商会议现场，而在美国“能源之都”“医学中心”休斯敦为期 3 天，涉及教育、体育、医疗、科学的密集访问，则是颇具分量的“暖场”。

【文档结束】

**参考答案：**

【文档开始】

“Howdy！”中国国务院副总理刘延东一句牛仔专用问候语，一下子拉近了与美国南部代表城市得克萨斯州休斯敦的距离。“我到休斯敦一下飞机、接到鲜花，就感受到了这里的热度和热情。”20 日亚洲协会得州中心举办的欢迎晚宴上，刘延东受到来自美南地区政、商、学各界友好人士和休斯敦华侨华人的热烈欢迎。

作为中美人文交流机制的创立者，刘延东将第六次出现在高层磋商会议现场，而在美国“能源之都”“医学中心”休斯敦为期 3 天，涉及教育、体育、医疗、科学的密集访问，则是颇具分量的“暖场”。

【文档结束】

## 知识点 4. 5. 4　特殊分栏

**操作题 1.**（5 分，难度系数 0. 6）

【要求】对照图 4 – 5 – 4 – 1 分栏。

炎炎夏日正式到来，七月这个狂热而浮躁的季节会有怎样的心情和运气？本月的星座运势皆平淡，值得提点的白羊座、金牛座运势较好。抱着平静的心情，感受当下每一刻！

**白羊座：**上半月基本上运势不错，事情的进行也会比较顺利，让你感到局势开始明朗，你可以安心地坐下来享受一下。进入下半月你的运势就不是那么顺遂了，这会让你感到有些不耐烦，所以说考验你耐心的时机来了，急躁解决不了问题的哦！

**金牛座：**各方面的事情都进行得很顺畅，进入中下旬之后你的心里开始惦记一件事，一时间反而没有什么心思去顾及其他事，但无奈欲速则不达，越是着急反而耽误了事情的进程，所以一定要耐住性子哦！月底的几天内，事情变得很不顺，你会因此变得很烦躁，天气炎热建议你学会调节心情哦！

**双子座：**本月有不少机会去接触很多新事物，在新鲜感的同时也多少会感到一些前所未有的压力。你也会跟老朋友或家人去没去过的地方散心度假。但在这过程中大部分的时间都容易觉得烦，心里总有事情在挂记，都不是一时三刻可以让自己放得下的。建议以平常心对待哦！

**图 4 – 5 – 4 – 1**

【文档开始】

炎炎夏日正式到来，七月这个狂热而浮躁的季节会有怎样的心情和运气？本月的星座运势皆平淡，值得提点的白羊座、金牛座运势较好。抱着平静的心情，感受当下每一刻！

**白羊座：**上半月基本上运势不错，事情的进行也会比较顺利，让你感到局势开始明朗，你可以安心地座下来享受一下。进入下半月你的运势就不是那么顺遂了，这会让你感到有些不耐烦，所以说考验你耐心的时机来了，急躁解决不了问题的哦！

**金牛座：**各方面的事情都进行得很顺畅，进入中下旬之后你的心里开始惦记一件事，一时间反而没有什么心思去顾及其他事，但无奈欲速则不达，越是着急反而耽误了事情的进程，所以一定要耐住性子哦！月底的几天内，事情变得很不顺，你会因此变得很烦躁，天气炎热建议你学会调节心情哦！

**双子座：**本月有不少机会去接触很多新事物，在新鲜感的同时也多少会感到一些前所未有的压力。你也会跟老朋友或家人去没去过的地方散心度假。但在这过程中大部分的时间都容易觉得烦，心里总有事情在挂记，都不是一时三刻可以让自己放得下的。建议以平常心对待哦！

【文档结束】

## 知识点 4.5.5　边框和底纹（文字和段落）

**操作题 1.**（2 分，难度系数 0.75）

【要求】设置黄色文字底纹。

【文档开始】

也许人生中有许多情形，我们无力而为，但我们可以用心对待。无论艰难还是曲折，不论悲伤还是痛苦，我们都不能失去信心，放弃心中的信念。面对人生种种，尽力了用心了，即使达不到心中的愿望，我们也无怨无悔。

【文档结束】

**参考答案：**

【文档开始】

也许人生中有许多情形，我们无力而为，但我们可以用心对待。无论艰难还是曲折，不论悲伤还是痛苦，我们都不能失去信心，放弃心中的信念。面对人生种种，尽力了用心了，即使达不到心中的愿望，我们也无怨无悔。

【文档结束】

**操作题 2.**（2 分，难度系数 0.75）

【要求】设置浅绿段落底纹。

【文档开始】

也许人生中有许多情形，我们无力而为，但我们可以用心对待。无论艰难还是曲折，不论悲伤还是痛苦，我们都不能失去信心，放弃心中的信念。面对人生种种，尽力了用心了，即使达不到心中的愿望，我们也无怨无悔。

【文档结束】

**参考答案：**

【文档开始】

也许人生中有许多情形，我们无力而为，但我们可以用心对待。无论艰难还是曲折，不论悲伤还是痛苦，我们都不能失去信心，放弃心中的信念。面对人生种种，尽力了用心了，即使达不到心中的愿望，我们也无怨无悔。

【文档结束】

**操作题 3.**（2 分，难度系数 0.6）

【要求】对照图 4－5－5－1 设置边框。

**图 4－5－5－1**

【文档开始】

# 武汉市财政学校文件

【文档结束】

**填空题 1.**（2 分，难度系数 0.9）

【要求】请判断下列边框是属于文字边框还是段落边框，请将答案写到后面的括号里。

智商余额不足

答案：（　　　）

智商余额不足

答案：（　　　）

# 4.6 长文档排版

## 知识点4.6.1 页眉、页脚和页码（基本设置）

**操作题1.**（5分，难度系数0.75）

【要求】

1. 添加页眉文字“财政与基础金融知识”，五号，黑体，居中；

2. 在页面底端插入页码，格式为“－1－，－2－，－3－……”，右对齐。

【文档开始】

第一章 财政概述

通过本章学习，主要掌握财政的概念及财政的一般特征，我国社会主义财政的基本特征及财政的三大职能；了解财政分配与市场经济的内在联系及财政的产生与发展。

第一节 财政的概念及其一般特征

一、现实生活中的财政现象与财政问题

在现实社会经济生活中，人们经常可以遇到一些财政现象和财政问题，从居民的衣食住行到国家的政治活动和经济建设，无不与财政存在着密切联系。

……（文字略）

【文档结束】

**操作题2.**（5分，难度系数0.9）

插入页眉文字“武汉市财政学校文件”，红色，黑体，四号，左对齐。

【文档开始】

我校自3月底全面开展学习实践学科发展观活动以来，在市财政局党组学习实践活动领导小组的领导下，在全校教职员工尤其是党员同志的努力配合下，紧紧围绕党员干部受教育、学科发展上水平、师生员工得实惠的总要求，周密部署，精心组织，重在落实，力求实效，通过思想发动、学习培训、主题活动、专题调研，基本完成了学习调研阶段的各项任务，取得了阶段性成果。根据局党组的统一部署，结合我校学习实践活动《实施方案》，即日起我校的学习实践活动就要转入第二阶段，即由学习调研阶段转入分析检查阶段。为搞好工作衔接、推动学习实践活动深入开展并取得实效，现就认真做好学习调研阶段“回头看”和分析检查阶段工作的有关事项通知如下：

……（文字略）

【文档结束】

**操作题 3.** （5 分，难度系数 0.75）

【要求】在页面底端插入页码，样式为“加粗显示的数字 2”。

【文档开始】

第一章 财政概述

通过本章学习，主要掌握财政的概念及财政的一般特征，我国社会主义财政的基本特征及财政的三大职能；了解财政分配与市场经济的内在联系及财政的产生与发展。

第一节 财政的概念及其一般特征

一、现实生活中的财政现象与财政问题

在现实社会经济生活中，人们经常可以遇到一些财政现象和财政问题，从居民的衣食住行到国家的政治活动和经济建设，无不与财政存在着密切联系。

……（文字略）

【文档结束】

## 知识点 4.6.2 页面设置（纸张大小、方向、边距、水印）

**操作题 1.** （5 分，难度系数 0.9）

【要求】设置纸张方向为横向，上、下边距 3 厘米，左、右边距 2.5 厘米。

【文档开始】

第一章 财政概述

通过本章学习，主要掌握财政的概念及财政的一般特征，我国社会主义财政的基本特征及财政的三大职能；了解财政分配与市场经济的内在联系及财政的产生与发展。

第一节 财政的概念及其一般特征

一、现实生活中的财政现象与财政问题

在现实社会经济生活中，人们经常可以遇到一些财政现象和财政问题，从居民的衣食住行到国家的政治活动和经济建设，无不与财政存在着密切联系。

……（文字略）

【文档结束】

**操作题 2.** （5 分，难度系数 0.75）

【要求】

1. 将纸张大小设为 B5，纸张方向为横向。
2. 上下页边距各为 2 厘米，左页边距为 1.5 厘米，右页边距为 2 厘米。
3. 自定义图片水印，图片“素材/图 1. jpg”。
4. 插入页眉文字“世界地球日”，华文隶书、四号、红色。
5. 在页面底端插入页码，右对齐。

世界地球日（The World Earth Day）即每年的 4 月 22 日，是一项世界性的环境保护活动。2009 年第 63 届联合国大会决议将每年的 4 月 22 日定为“世界地球日”。该活动最初在 1970 年的美国由盖洛德·尼尔森和丹尼斯·海斯发起，随后影响越来越大。活动宗旨为唤起人类爱护地球、保护家园的意识，促进资源开发与环境保护的协调发展，进而改善地球的整体环境。中国从 20 世纪 90 年代起，每年都会在 4 月 22 日举办世界地球日活动。

……（文字略）

【文档结束】

**操作题 3.**

【要求】

1. 将纸张大小设为“32 开”，纵向。
2. 页边距设置为上：1.5 厘米；下：2 厘米；左：1.3 厘米；右：1.7 厘米。
3. 添加页面边框，边框带阴影，双线，1.5 磅。
4. 页面背景设置为“茶色，背景 2”。
5. 插入页脚文字“人间四月天”，幼圆，右对齐。
6. 在页面顶端插入页码，样式为“X/Y”，加粗显示的数字 1。

【文档开始】

世间女子，纷丽多姿。

独独有她，哀艳如诗。

林徽因。最令人怀念的民国女子。

关于她，才情、容貌、人生际遇，样样都令世人称道。她写得一手好诗，为人低蕴沉静。又长得极美，且颇有气韵。立在一处，便似深谷中一朵独自开谢的白兰。极惹目。是美人。是才女。因此，众人看过去，仿佛世间种种好处一时间都落在她身上。

也因此，她注定是讨男子喜欢，亦注定是会遭人嫉妒的，尤其是女人。徐志摩爱她。梁思成爱她。金岳霖也爱她。又有女子如冰心、凌淑华惊才绝艳之民国才女，无一不对林徽因心存几分芥蒂。即便如此，她们依然忍不住会去赞她。

……（文字略）

【文档结束】

## 4.7 图文混排

### 知识点 4.7.1 文本框

**操作题 1.**（4 分，难度系数 0.9）

【要求】对照图 4－7－1－1 制作文本框。

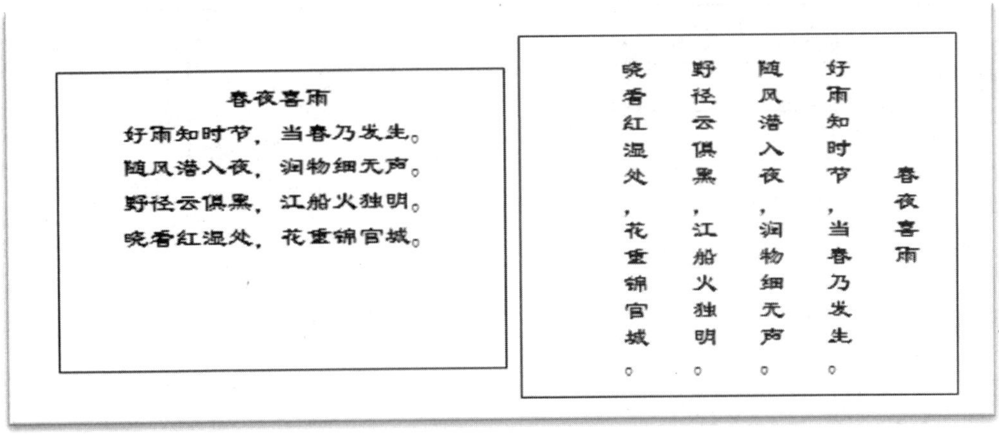


图 4－7－1－1

【文档开始】

春夜喜雨

好雨知时节，当春乃发生。

随风潜入夜，润物细无声。

野径云俱黑，江船火独明。

晓看红湿处，花重锦官城。

【文档结束】

**操作题 2.**（8 分，难度系数 0.75）

【要求】设置框格式

1. 形状轮廓：蓝色；形状填充：绿色。
2. 无线条色，无填充色。
3. 文字：华文行楷，三号；边线粗细 4.5 磅；形状效果：发光，紫色，5pt。
4. 形状效果：三维旋转，平行，等轴左下。

【文档开始】

1　春夜喜雨　　2　春夜喜雨

3　春夜喜雨　　4　春夜喜雨

【文档结束】

**参考答案：**

【文档开始】

1 春夜喜雨　　2 春夜喜雨

3 春夜喜雨　　4 春夜喜雨

【文档结束】

**操作题 3.**（8 分，难度系数 0.75）

【要求】制作文本框

1. 文字：小二，华文行楷，居中。
2. 文本框大小，高 8 厘米，宽 16 厘米。
3. 形状填充：图片素材/图 2. jpg。
4. 文本框无轮廓，外部阴影，右下斜偏移。

【文档开始】

春夜喜雨

好雨知时节，当春乃发生。

随风潜入夜，润物细无声。

野径云俱黑，江船火独明。

晓看红湿处，花重锦官城。

【文档结束】

**参考答案：**

【文档开始】

【文档结束】

**操作题 4.**（10 分，难度系数 0.6）

【要求】对照图 4－7－1－2 制作文本框。

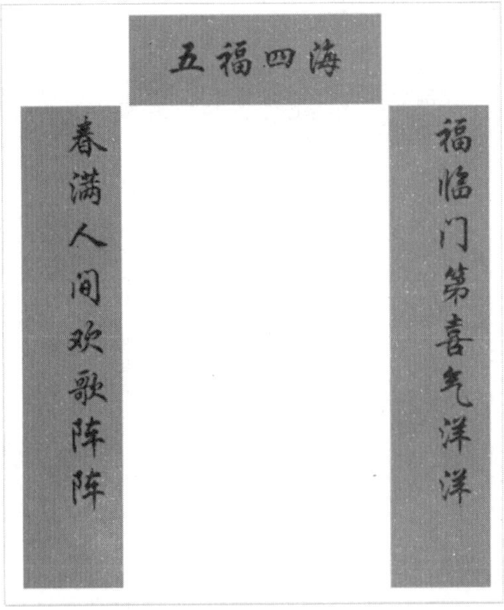


图 4－7－1－2

【文档开始】
春满人间欢歌阵阵
福临门第喜气洋洋
五福四海
【文档结束】

## 知识点 4.7.2 形状

**操作题 1.**（12 分，难度系数 0.75）
【要求】对照图 4－7－2－1 绘制图形。

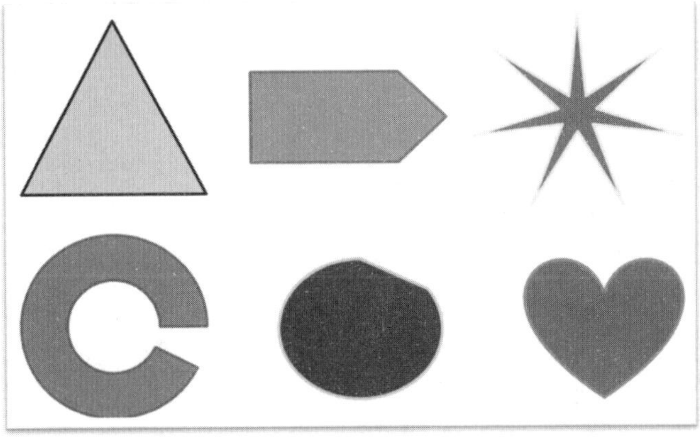

图 4－7－2－1

**操作题 2.**（8 分，难度系数 0.75）

【要求】绘制图形并添加文字（图形：星与旗帜，爆炸形 2，添加文字“30OFF%”，字体为 Times New Roman，一号；图形：填充渐变中心辐射，无轮廓，向右下偏移阴影）。

**参考答案：**

**操作题 3.**（8 分，难度系数 0.78）

【要求】对照图 4－7－2－2 绘制图形（图形填充：素材/图 3）。

**图 4－7－2－2**

**操作题 4.**（5 分，难度系数 0.75）

【要求】在文字中插入图形“笑脸”，黄色填充，白色轮廓，紧密型。

【文档开始】

生活中有许多事情，我们不能改变，但我们可以尽力而为。也许人生中有许多情形，我们无力而为，但我们可以用心对待。无论艰难还是曲折，不论悲伤还是痛苦，我们都不能失去信心，放弃心中的信念。面对人生种种，尽力了用心了，即使达不到心中的愿望，我们也无怨无悔。

因为有过努力，有过追求，生命与岁月一起变得深沉，变得优雅而美丽。明白太多不好，不明白又不行。做得到难得糊涂，就把真心丢了，做不到糊涂难得，就自己糊涂了。其实，人这一生真的不必太较真，苦了自己，怨了别人，如此束缚心情，倒不如轻装而行，学着做自己。并优雅地放手一些不属于你的东西，坦然面对自己，安然于生活里本该有的颜色，在平淡里看见精彩，在静默里品味生动。顺其自然就是最好的方式，随事随缘，随心随愿，简单轻松，来去自如。

【文档结束】

**参考答案：**

【文档开始】

生活中有许多事情，我们不能改变，但我们可以尽力而为。也许人生中有许多情形，我们无力而为，但我们可以用心对待。无论艰难还是曲折，不论悲伤还是痛苦，我们都不能失去信心，放弃心中的信念。面对人生种种，尽力了用心了，即使达不到心中的愿望，我们也无怨无悔。

因为有过努力，有过追求，生命与岁月一起变得深沉，变得优雅而美丽。明白太多不好，不明白又不行。做得到难得糊涂，就把真心丢了，做不到糊涂难得，就自己糊涂了。其实，人这一生真的不必太较真，苦了自己，怨了别人，如此束缚心情，倒不如轻装而行，学着做自己。并优雅地放手一些不属于你的东西，坦然面对自己，安然于生活里本该有的颜色，在平淡里看见精彩，在静默里品味生动。顺其自然就是最好的方式，随事随缘，随心随愿，简单轻松，来去自如。

【文档结束】

**操作题5.**（5分，难度系数0.6）

在文字中插入形状“五角星”，渐变填充，麦浪滚滚，类型为路径，无轮廓，衬于文字下方。

【文档开始】

生活中有许多事情，我们不能改变，但我们可以尽力而为。也许人生中有许多情形，我们无力而为，但我们可以用心对待。无论艰难还是曲折，不论悲伤还是痛苦，我们都不能失去信心，放弃心中的信念。面对人生种种，尽力了用心了，即使达不到心中的愿望，我们也无怨无悔。

因为有过努力，有过追求，生命与岁月一起变得深沉，变得优雅而美丽。明白太多不好，不明白又不行。做得到难得糊涂，就把真心丢了，做不到糊涂难得，就自己糊涂了。其实，人这一生真的不必太较真，苦了自己，怨了别人，如此束缚心情，倒不如轻装而行，学着做自己。并优雅地放手一些不属于你的东西，坦然面对自己，安然于生活里本该有的颜色，在平淡里看见精彩，在静默里的品味生动。顺其自然就是最好的方式，随事随缘，随心随愿，简单轻松，来去自如。

【文档结束】

**参考答案：**

【文档开始】

生活中有许多事情，我们不能改变，但我们可以尽力而为。也许人生中有许多情形，我们无力而为，但我们可以用心对待。无论艰难还是曲折，不论悲伤还是痛苦，我们都不能失去信心，放弃心中的信念。面对人生种种，尽力了用心了，即使达不到心中的愿望，我们也无怨无悔。

因为有过努力，有过追求，生命与岁月一起变得深沉，变得优雅而美丽。明白太多不好，不明白又不行。做得到难得糊涂，就把真心丢了，做不到糊涂难得，就自己糊涂了。其实，人这一生真的不必太较真，苦了自己，怨了别人，如此束缚心情，倒不如轻装而行，学着做自己。并优雅地放手一些不属于你的东西，坦然面对自己，安然于生活里本该有的颜色，在平淡里看见精彩，在静默里的品味生动。顺其自然就是最好的方式，随事随缘，随心随愿，简单轻松，来去自如。

【文档结束】

## 知识点 4.7.3　艺术字

**操作题 1.**（5 分，难度系数 0.75）

【要求】插入艺术字

1. 样式：填充—橙色，强调文字颜色 6，轮廓—强调文字颜色 6，发光—强调文字颜色 6。

2. 文本轮廓—浅绿，1.5 磅。

3. 文本效果—阴影—透视—右上对角透视。

4. 文本效果—转换—波形 1。

【文档开始】

计算机基础

【文档结束】

**参考答案：**

【文档开始】

【文档结束】

**操作题 2.**（5 分，难度系数 0.75）

【要求】

1. 更改形状为椭圆，轮廓颜色为蓝色，粗细 4.5 磅，适当调整轮廓大小。

2. 形状阴影：向右偏移。
3. 形状填充：红色，强调文字颜色 2。
4. 文本效果：转换——倒三角。
5. 文本效果：映像——全映像，接触。

【文档开始】

【文档结束】

**参考答案：**

【文档开始】

【文档结束】

**操作题 3.** （5 分，难度系数 0.75）

【要求】对照图 4－7－3－1 在文中插入艺术字。

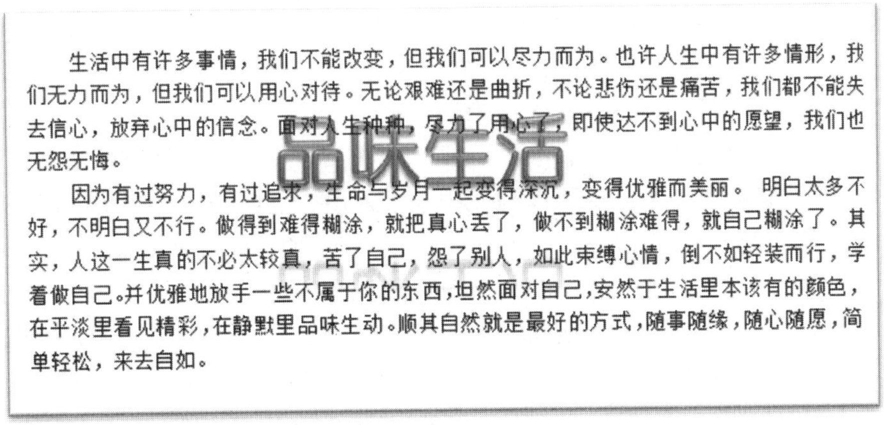

生活中有许多事情，我们不能改变，但我们可以尽力而为。也许人生中有许多情形，我们无力而为，但我们可以用心对待。无论艰难还是曲折，不论悲伤还是痛苦，我们都不能失去信心，放弃心中的信念。面对人生种种，尽力了用心了，即使达不到心中的愿望，我们也无怨无悔。

品味生活

因为有过努力，有过追求，生命与岁月一起变得深沉，变得优雅而美丽。 明白太多不好，不明白又不行。做得到难得糊涂，就把真心丢了，做不到糊涂难得，就自己糊涂了。其实，人这一生真的不必太较真，苦了自己，怨了别人，如此束缚心情，倒不如轻装而行，学着做自己。并优雅地放手一些不属于你的东西，坦然面对自己，安然于生活里本该有的颜色，在平淡里看见精彩，在静默里品味生动。顺其自然就是最好的方式，随事随缘，随心随愿，简单轻松，来去自如。

**图 4－7－3－1**

【文档开始】

生活中有许多事情，我们不能改变，但我们可以尽力而为。也许人生中有许多情形，我们无力而为，但我们可以用心对待。无论艰难还是曲折，不论悲伤还是痛苦，我们都不能失去信心，放弃心中的信念。面对人生种种，尽力了用心了，即使达不到心中的愿望，我们也无怨无悔。

因为有过努力，有过追求，生命与岁月一起变得深沉，变得优雅而美丽。明白太多不好，不明白又不行。做得到难得糊涂，就把真心丢了，做不到糊涂难得，就自己糊涂了。其实，人这一生真的不必太较真，苦了自己，怨了别人，如此束缚心情，倒不如轻装而行，学着做自己。并优雅地放手一些不属于你的东西，坦然面对自己，安然于生活里本该有的颜色，在平淡里看见精彩，在静默里品味生动。顺其自然就是最好的方式，随事随缘，随心随愿，简单轻松，来去自如。

【文档结束】

## 知识点 4.7.4　图片

**操作题 1.**（4 分，难度系数 0.9）

【要求】

1. 在第一段文字中插入图片（素材/图 4），调整为适当大小，四周型环绕；
2. 在第二段文字中插入图片（素材/图 4），调整为适当大小，衬于文字下方。

【文档开始】

前几年，有游客发现乐山大佛背后的山像睡佛，乐山大佛正好建在睡佛的心胸之处，寓意更加深刻。近年，发现了以乌尤山、凌云山、龟城山构成的乐山巨形睡佛景观，隔江望去，酷似一巨大佛像仰卧于三江之上，卧佛直线长 1 300 多米。巨型卧佛的发现，为大佛景区更添魅力。乌尤、凌云二山平卧于滚滚江流之上，千百年来人们生息其畔，不曾发现异常，1990 年广东某游客从冲洗出的照片上蓦然发现二山似一尊巨形睡佛，人们闻之纷纷从乐山码头东望，一尊睡佛果然展现眼前，体态匀称，神情安详，乌尤山为头，眉眼分明可见；凌云山为体，妙处不可言说，乐山大佛正好位于睡佛的心脏部位。大江东去，佛法西来，庄严法相的发现者竟是一个匆匆来去的异乡人，真应了此地诗人苏轼的名句“不识庐山真面目，只缘身在此山中”。

前几年，有游客发现乐山大佛背后的山像睡佛，乐山大佛正好建在睡佛的心胸之处，寓意更加深刻。近年，发现了以乌尤山、凌云山、龟城山构成的乐山巨形睡佛景观，隔江望去，酷似一巨大佛像仰卧于三江之上，卧佛直线长 1 300 多米。巨型卧佛的发现，为大佛景区更添魅力。乌尤、凌云二山平卧于滚滚江流之上，千百年来人们生息其畔，不曾发现异常，1990 年广东某游客从冲洗出的照片上蓦然发现二山似一尊巨形睡佛，人们闻之纷纷从乐山码头东望，一尊睡佛果然展现眼前，体态匀称，神情安详，乌尤山为头，眉眼分明可见；凌云山为体，妙处不可言说，乐山大佛正好位于睡佛的心脏部位。大江东去，佛法西来，庄严法相的发现者竟是一个匆匆来去的异乡人，真应了此地诗人苏轼的名句“不识庐山真面目，只缘身在此山中”。

【文档结束】

**参考答案：**

【文档开始】

前几年，有游客发现乐山大佛背后的山像睡佛，乐山大佛正好建在睡佛的心胸之处，寓意更加深刻。近年，发现了以乌尤山、凌云山、龟城山构成的乐山巨形睡佛景观，隔江望去，酷似一巨大佛像仰卧于三江之上，卧佛直线长1 300多米。巨型卧佛的发现，为大佛景区更添魅力。乌尤、凌云二山平卧于滚滚江流之上，千百年来人们生息其畔，不曾发现异常，1990 年广东某游客从冲洗出的照片上蓦然发现二山似一尊巨形睡佛，人们闻之纷纷从乐山码头东望，一尊睡佛果然展现眼前，体态匀称，神情安详，乌尤山为头，眉眼分明可见；凌云山为体，妙处不可言说，乐山大佛正好位于睡佛的心脏部位。大江东去，佛法西来，庄严法相的发现者竟是一个匆匆来去的异乡人，真应了此地诗人苏轼的名句“不识庐山真面目，只缘身在此山中”。

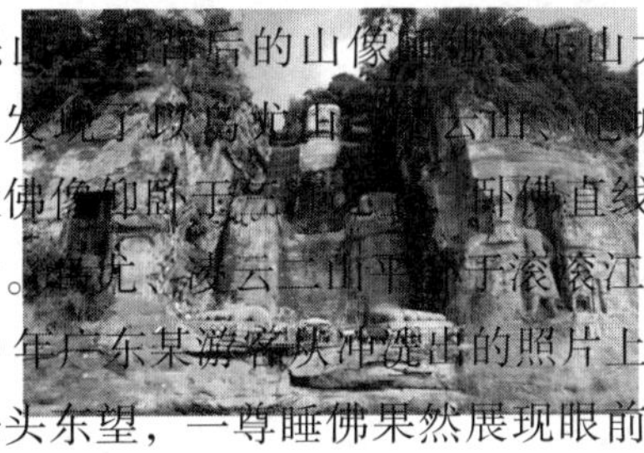

前几年，有游客发现乐山大佛背后的山像睡佛，乐山大佛正好建在睡佛的心胸之处，寓意更加深刻。近年，发现了以乌尤山、凌云山、龟城山构成的乐山巨形睡佛景观，隔江望去，酷似一巨大佛像仰卧于三江之上，卧佛直线长 1 300 多米。巨型卧佛的发现，为大佛景区更添魅力。乌尤、凌云二山平卧于滚滚江流之上，千百年来人们生息其畔，不曾发现异常，1990 年广东某游客从冲洗出的照片上蓦然发现二山似一尊巨形睡佛，人们闻之纷纷从乐山码头东望，一尊睡佛果然展现眼前，体态匀称，神情安详，乌尤山为头，眉眼分明可见；凌云山为体，妙处不可言说，乐山大佛正好位于睡佛的心脏部位。大江东去，佛法西来，庄严法相的发现者竟是一个匆匆来去的异乡人，真应了此地诗人苏轼的名句“不识庐山真面目，只缘身在此山中”。

【文档结束】

**操作题 2.**（5 分，难度系数 0.75）

【要求】对照图 4－7－4－1 在下列文字中插入图片。

生活中有许多事情，我们不能改变，但我们可以尽力而为。也许人生中有许多情形，我们无力而为，但我们可以用心对待。无论艰难还是曲折，不论悲伤还是痛苦，我们都不能失去信心，放弃心中的信念。面对人生种种，尽力了用心了，即使达不到心中的愿望，我们也无怨无悔。

因为有过努力，有过追求，生命与岁月一起变得深沉，变得优雅而美丽。明白太多不好，不明白又不行。做得到难得糊涂，就把真心丢了，做不到糊涂难得，就自己糊涂了。其实，人这一生真的不必太较真，苦了自己，怨了别人，如此束缚心情，倒不如轻装而行学着做自己。并优雅地放手一些不属于你的东西，坦然面对自己，安然于生活里本该有的颜色，在平淡里看见精彩，在静默里品味生动。顺其自然就是最好的方式，随事随缘，随心随愿，简单轻松，来去自如。



**图 4－7－4－1**

【文档开始】

生活中有许多事情，我们不能改变，但我们可以尽力而为。也许人生中有许多情形，我们无力而为，但我们可以用心对待。无论艰难还是曲折，不论悲伤还是痛苦，我们都不能失去信心，放弃心中的信念。面对人生种种，尽力了用心了，即使达不到心中的愿望，我们也无怨无悔。

因为有过努力，有过追求，生命与岁月一起变得深沉，变得优雅而美丽。明白太多不好，不明白又不行。做得到难得糊涂，就把真心丢了，做不到糊涂难得，就自己糊涂了。其实，人这一生真的不必太较真，苦了自己，怨了别人，如此束缚心情，倒不如轻装而行，学着做自己。并优雅地放手一些不属于你的东西，坦然面对自己，安然于生活里本该有的颜色，在平淡里看见精彩，在静默里品味生动。顺其自然就是最好的方式，随事随缘，随心随愿，简单轻松，来去自如。

【文档结束】

**操作题3.**（5分，难度系数0.75）

【要求】插入“右箭头”和“五角星”，分别设置橙色和黄色，“五角星”置于顶层，并将两个形状组合。

**参考答案：**

## 4.8 表格制作

### 知识点4.8.1 插入表格

**操作题1.**（5分，难度系数0.9）

【要求】对照图4-8-1-1插入表格，并输入相应的数据。

| 公司名称 | 一季度（万元） | 二季度（万元） | 三季度（万元） | 四季度（万元） |
|---|---|---|---|---|
| 家乐福十升店 | 220.34 | 260.27 | 221.90 | 236.46 |
| 家乐福钟家村店 | 233.10 | 283.96 | 201.36 | 214.54 |

**图4-8-1-1**

**操作题 2.** （10 分，难度系数 0.75）

【要求】

1. 在下方表格的左侧插入一列；
2. 将表格左侧第一列的第一个单元格用斜线拆分成两个单元格；
3. 将表格左侧第一列的下四个单元格拆分成两列；
4. 将拆分的第一列上两个单元格合并成一个单元格，下两个单元格合并成一个单元格；
5. 向表格中输入相关文字。

【文档开始】

| 星期一 | 星期二 | 星期三 | 星期四 | 星期五 |
|---|---|---|---|---|
| 英语 | 会计电算化 | 普通话 | 会计电算化 | 金融学概论 |
| 成本会计 | 数学 | 金融学概论 | 计算机基础 | 体育 |
| 班会 | 计算机基础 | 成本会计 | 职业生涯 | |
| 技能训练 | 技能训练 | 技能训练 | 技能训练 | 技能训练 |

【文档结束】

**参考答案：** 如图 4－8－1－2 所示。

| 星期<br>节数 | | 星期一 | 星期二 | 星期三 | 星期四 | 星期五 |
|---|---|---|---|---|---|---|
| 上午 | 1~2节 | 英语 | 会计电算化 | 普通话 | 会计电算化 | 金融学概论 |
| | 3~4节 | 成本会计 | 数学 | 金融学概论 | 计算机基础 | 体育 |
| 下午 | 5~6节 | 班会 | 计算机基础 | 成本会计 | 职业生涯 | |
| | 7节 | 技能训练 | 技能训练 | 技能训练 | 技能训练 | 技能训练 |

**图 4－8－1－2**

**操作题 3.** （10 分，难度系数 0.6）

【要求】对照图 4－8－1－3 制作表格。

容易读错的字一览表

（按音序排列）

| 音序 | 字 | 正 | 误 | 举例 | 音序 | 字 | 正 | 误 | 举例 |
|---|---|---|---|---|---|---|---|---|---|
| A | 皑 | ái | kǎi | 白雪皑皑 | B | 愎 | bì | fù | 刚愎自用 |
| | 隘 | ài | yì | 狭隘、关隘 | | 摒 | bìng | bǐng | 摒除 |

**图 4－8－1－3**

## 知识点 4.8.2　文本与表格之间的转换

**操作题 1.** （2 分，难度系数 0.9）

【要求】将下列文字转换为表格，不包括标题“全国部分城市天气预报”。

【文档开始】

全国部分城市天气预报

城市　　天气　　高温（℃）　　低温（℃）

哈尔滨　　阵雪　　1　　-7

乌鲁木齐　　阴　　3　　-3

武汉　　小雨　　17　　13

成都　　多云　　20　　16

上海　　小雨　　19　　14

海口　　多云　　30　　24

【文档结束】

**参考答案：**

【文档开始】

全国部分城市天气预报

| 城市 | 天气 | 高温（℃） | 低温（℃） |
|---|---|---|---|
| 哈尔滨 | 阵雪 | 1 | -7 |
| 乌鲁木齐 | 阴 | 3 | -3 |
| 武汉 | 小雨 | 17 | 13 |
| 成都 | 多云 | 20 | 16 |
| 上海 | 小雨 | 19 | 14 |
| 海口 | 多云 | 30 | 24 |

【文档结束】

**操作题 2.** （2 分，难度系数 0.9）

【要求】将下列文字转换为 6 行 6 列的表格。

【文档开始】

姓名　数学　外语　政治　语文　平均成绩

王立　98　87　89　87

李萍　87　78　68　90

柳万全 90　85　　79　　89
顾升泉 95　89　　82　　93
周理京 85　87　　90　　95
【文档结束】
**参考答案：**
【文档开始】

| 姓名 | 数学 | 外语 | 政治 | 语文 | 平均成绩 |
|---|---|---|---|---|---|
| 王立 | 98 | 87 | 89 | 87 | |
| 李萍 | 87 | 78 | 68 | 90 | |
| 柳万全 | 90 | 85 | 79 | 89 | |
| 顾升泉 | 95 | 89 | 82 | 93 | |
| 周理京 | 85 | 87 | 90 | 95 | |

【文档结束】

**操作题 3.**（2 分，难度系数 0.9）
【要求】将下列表格转换文字。
【文档开始】

| 排名 | 国家/地区 | 金牌 | 银牌 | 铜牌 | 总数 |
|---|---|---|---|---|---|
| 1 | 美国 | 46 | 29 | 29 | 104 |
| 2 | 中国 | 38 | 27 | 23 | 88 |
| 3 | 英国 | 29 | 17 | 19 | 65 |
| 4 | 俄罗斯 | 24 | 26 | 32 | 82 |
| 5 | 韩国 | 13 | 8 | 7 | 28 |
| 6 | 德国 | 11 | 19 | 14 | 44 |
| 7 | 法国 | 11 | 11 | 12 | 34 |
| 8 | 意大利 | 8 | 9 | 11 | 28 |
| 9 | 匈牙利 | 8 | 4 | 5 | 17 |
| 10 | 澳大利亚 | 7 | 16 | 12 | 35 |

【文档结束】
**参考答案：**
【文档开始】
排名　　国家/地区　　金牌　　银牌　　铜牌　　总数
1　　美国　　46　　29　　29　　104

| | | | | | |
|---|---|---|---|---|---|
| 2 | 中国 | 38 | 27 | 23 | 88 |
| 3 | 英国 | 29 | 17 | 19 | 65 |
| 4 | 俄罗斯 | 24 | 26 | 32 | 82 |
| 5 | 韩国 | 13 | 8 | 7 | 28 |
| 6 | 德国 | 11 | 19 | 14 | 44 |
| 7 | 法国 | 11 | 11 | 12 | 34 |
| 8 | 意大利 | 8 | 9 | 11 | 28 |
| 9 | 匈牙利 | 8 | 4 | 5 | 17 |
| 10 | 澳大利亚 | 7 | 16 | 12 | 35 |

【文档结束】

## 知识点 4.8.3　表格的格式化

**操作题 1.**（15 分，难度系数 0.6）

【要求】对照图 4－8－3－1 将表格进行格式化。

| 星期 / 节数 | | 星期一 | 星期二 | 星期三 | 星期四 | 星期五 |
|---|---|---|---|---|---|---|
| 上午 | 1~2 节 | 英语 | 会计电算化 | 普通话 | 会计电算化 | 金融学概论 |
| | 3~4 节 | 成本会计 | 数学 | 金融学概论 | 计算机基础 | 体育 |
| 下午 | 5~6 节 | 班会 | 计算机基础 | 成本会计 | 职业生涯 | |
| | 7 节 | 技能训练 | 技能训练 | 技能训练 | 技能训练 | 技能训练 |

**图 4－8－3－1**

【文档开始】

| 星期 / 节数 | 星期一 | 星期二 | 星期三 | 星期四 | 星期五 |
|---|---|---|---|---|---|
| 上午 | 英语 | 会计电算化 | 普通话 | 会计电算化 | 金融学概论 |
| | 成本会计 | 数学 | 金融学概论 | 计算机基础 | 体育 |
| 下午 | 班会 | 计算机基础 | 成本会计 | 职业生涯 | |
| | 技能训练 | 技能训练 | 技能训练 | 技能训练 | 技能训练 |

【文档结束】

**操作题 2.**（15 分，难度系数 0.6）

【要求】

1. 将所有单元格的内容设置水平居中、垂直居中。

2. 将第一行的文字（即星期一……）设置为黑体，四号；将第一列的文字（即第一节……）设置为幼圆，四号。

3. 将表格的底纹设置为浅黄色；将表格的外框线宽度设置为 1.5 磅，颜色为红色；内边框宽度设置为 0.5 磅，颜色为蓝色。

4. 在表格左边插入一列，进行表格单元格的合并，并输入“上午”“下午”。

5. 将表格自动调整为根据内容调整表格。

【文档开始】

| | 星期一 | 星期二 | 星期三 | 星期四 | 星期五 |
|---|---|---|---|---|---|
| 第一节 | 计算机基础 | 企业财务会计 | 基础会计 | 会计电算化 | 基础会计 |
| 第二节 | 计算机基础 | 企业财务会计 | 基础会计 | 会计电算化 | 基础会计 |
| 第三节 | 基础会计 | 会计电算化 | 计算机基础 | 应用文写作 | 体育 |
| 第四节 | 基础会计 | 会计电算化 | 计算机基础 | 应用文写作 | 体育 |
| 第五节 | 班会 | 银行柜面技能 | 职业生涯规划 | 超市经营实训 | |
| 第六节 | 班会 | 银行柜面技能 | 职业生涯规划 | 超市经营实训 | |

【文档结束】

**操作题 3.**

【要求】对照图 4－8－3－2 制作表格。

2014 北京现代汽车销售情况统计表

| 月份 / 品牌 | | 一月 | 二月 | 三月 | 四月 |
|---|---|---|---|---|---|
| 轿车 | 瑞纳 | 543 | 365 | 657 | 756 |
| | 悦动 | 353 | 321 | 342 | 653 |
| | 伊兰特 | 187 | 287 | 323 | 354 |

**图 4－8－3－2**

## 知识点 4.8.4　表格公式计算

**操作题 1.**（7 分，难度系数 0.6）

【要求】计算课程总分和个人平均分。

【文档开始】

| 课程<br>姓名 | 数学 | 语文 | 英语 | 平均分 |
|---|---|---|---|---|
| 张利平 | 90 | 87 | 89 | |
| 赵晴 | 85 | 92 | 78 | |
| 王建峰 | 79 | 88 | 90 | |
| 李明 | 70 | 85 | 73 | |
| 总分 | | | | |

【文档结束】

**参考答案：**

【文档开始】

| 课程<br>姓名 | 数学 | 语文 | 英语 | 平均分 |
|---|---|---|---|---|
| 张利平 | 90 | 87 | 89 | 88.67 |
| 赵晴 | 85 | 92 | 78 | 85 |
| 王建峰 | 79 | 88 | 90 | 85.67 |
| 李明 | 70 | 85 | 73 | 76 |
| 总分 | 324 | 352 | 330 | |

【文档结束】

**操作题 2.** (5 分，难度系数 0.6)

【要求】计算小计和平均销售量。

【文档开始】

**商场销售表**

| 名称 | 一季度（台） | 二季度（台） | 平均销售量 |
|---|---|---|---|
| 冰箱 | 15 000 | 21 600 | |
| 电视机 | 23 000 | 25 000 | |
| 电脑 | 56 000 | 74 000 | |
| 小计 | | | |

【文档结束】

**参考答案：**

【文档开始】

商场销售表

| 名称 | 一季度（台） | 二季度（台） | 平均销售量 |
|---|---|---|---|
| 冰箱 | 15 000 | 21 600 | 18 300 |
| 电视机 | 23 000 | 25 000 | 24 000 |
| 电脑 | 56 000 | 74 000 | 65 000 |
| 小计 | 94 000 | 120 600 | |

【文档结束】

**操作题 3.**（15 分，难度系数 0. 6）

【要求】

1. 将文字转换为 6 行 6 列表格。设置表格居中、表格列宽为 2 厘米、表格中文字水平居中；计算各学生的平均成绩，并按“平均成绩”列降序排列表格内容。

2. 将表格外框线、第一行的下框线和第一列的右框线设置为 1 磅红色单实线，表格底纹设置为“白色，背景 1，深色 15%”。

【文档开始】

姓名　数学　外语　政治　语文　平均成绩
王红　98　87　89　87
肖丽　87　78　68　90
张霞　90　85　79　89
陈琦　95　89　82　93
周成　85　87　90　95

【文档结束】

**参考答案：**

【文档开始】

| 姓名 | 数学 | 外语 | 政治 | 语文 | 平均成绩 |
|---|---|---|---|---|---|
| 王红 | 98 | 87 | 89 | 87 | 90. 25 |
| 陈琦 | 95 | 89 | 82 | 93 | 89. 75 |
| 周成 | 85 | 87 | 90 | 95 | 89. 25 |
| 张霞 | 90 | 85 | 79 | 89 | 85. 75 |
| 肖丽 | 87 | 78 | 68 | 90 | 80. 75 |

【文档结束】

# 第 5 章　EXCEL 电子表格应用

## 知识结构框图

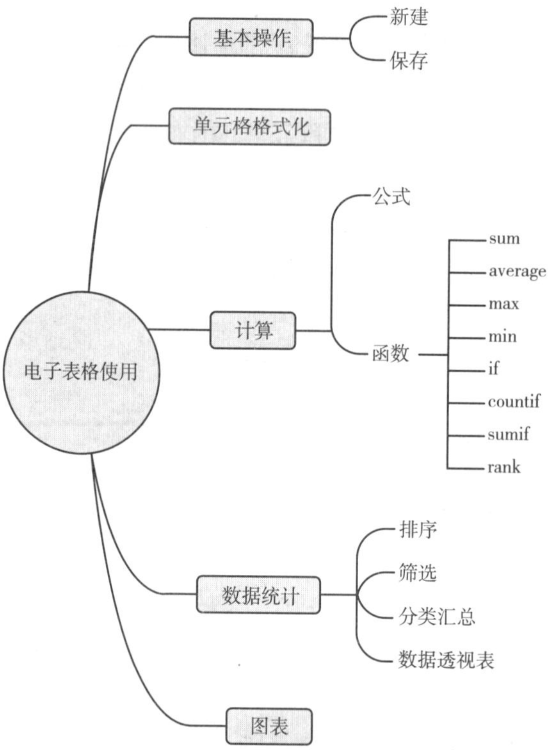


## 知识点及学习要求

| 知识点 | 学习要求 | | | |
|---|---|---|---|---|
| | 知识要求 | | 操作要求 | |
| | 了解 | 掌握 | 会 | 熟练 |
| **第 5 章　电子表格处理软件应用** | | | | |
| **5.1　创建工作簿及工作表操作：重命名、插入、复制移动、删除** | | | | |
| 创建工作簿 | | √ | | √ |

续表

| 知识点 | 学习要求 | | | |
|---|---|---|---|---|
| | 知识要求 | | 操作要求 | |
| | 了解 | 掌握 | 会 | 熟练 |
| 重命名、插入、复制移动、删除 | | √ | | √ |
| **5.2 工作表操作** | | | | |
| 5.2.1 单元格地址 | | √ | | √ |
| 5.2.2 单元格数据输入（文本、数字、日期时间） | | √ | | √ |
| 5.2.3 单元格自动填充 | | √ | | √ |
| **5.3 表格编辑：插入、删除行、列、合并和取消** | | | | |
| 插入删除行列 | | √ | | √ |
| 单元格的合并和取消 | | √ | | √ |
| **5.4 数据格式化** | | | | |
| 5.4.1 单元格格式化 | | | | |
| 数据的分类 | | √ | | √ |
| 数据的对齐方式 | | √ | | √ |
| 数据的字体格式 | | √ | | √ |
| 5.4.2 表格格式化 | | | | |
| 自动套用格式 | | √ | | √ |
| 边框底纹 | | √ | | √ |
| 条件格式 | | √ | | √ |
| **5.5 数据计算** | | | | |
| 5.5.1 使用 EXCEL 公式计算 | | √ | | √ |
| 5.5.2 使用 EXCEL 函数计算 | | | | |
| SUM 函数 | | √ | | √ |
| AGERAGE 函数 | | √ | | √ |
| MAX 函数 | | | | |
| MIN 函数 | | | | |
| IF 函数 | | √ | | √ |
| COUNT 函数 | | √ | | √ |
| COUNTIF 函数 | | √ | | √ |
| SUMIF 函数 | | √ | | √ |
| RANK 函数 | | √ | | √ |
| **5.6 数据统计** | | | | |
| 5.6.1 数据的排序（多关键字） | | √ | | √ |
| 5.6.2 分类汇总 | | √ | | √ |
| 5.6.3 数据的自动筛选 | | √ | | √ |
| 5.6.4 数据的高级筛选 | √ | | √ | |
| **5.7 数据图表** | | | | |
| 图表类型（三维簇状柱形图、分离饼图） | | √ | | √ |
| 图表属性的设置 | | √ | | √ |
| 图表位置 | | √ | | √ |

# 5.1 创建工作簿及工作表操作：重命名、插入、复制移动、删除

**操作题 1.**（10 分，难度系数 0.9）

如图 5－1－1 所示：

（1）将 sheet1 工作表重命名为“工资表”。

（2）插入一个新工作表放在“工资表”后面，并重命名为自己的名字，如“朱丽叶”。

（3）删除工作表“sheet4”。

（4）保存该工作簿，文件名“姓名 . xlsx”。

| A | B | C | D | E | F | G | H | I |
|---|---|---|---|---|---|---|---|---|
| 工号 | 姓名 | 性别 | 籍贯 | 出生日期 | 入职日期 | 月工资 | 绩效系数 | 年终奖金 |
| 535353 | 林达 | 男 | 哈尔滨 | 1978/5/28 | 2003/6/20 | 4750 | 0.5 | 4,27 |
| 626262 | 贾丽丽 | 女 | 成都 | 1983/6/5 | 2003/6/13 | 2750 | 0.95 | 4,70 |
| 727272 | 赵睿 | 男 | 杭州 | 1974/5/25 | 2003/6/14 | 2750 | 1 | 4,95 |
| 424242 | 师丽莉 | 女 | 广州 | 1977/5/8 | 2003/6/11 | 4750 | 0.6 | 5,13 |
| 323232 | 岳恩 | 男 | 南京 | 1983/12/9 | 2003/6/10 | 4250 | 0.75 | 5,73 |
| 131313 | 李勤 | 男 | 成都 | 1975/9/5 | 2003/6/17 | 3250 | 1 | 5,85 |
| 414141 | 郝尔冬 | 男 | 北京 | 1980/1/1 | 2003/6/4 | 3750 | 0.9 | 6,07 |
| 313131 | 朱丽叶 | 女 | 天津 | 1971/12/17 | 2003/6/3 | 3250 | 1.1 | 6,43 |

Sheet1 / Sheet4

图 5－1－1

**参考答案：**

（1）右键单击工作表 sheet1，选择快捷方式菜单中的“重命名”，将 sheet1 改为“工资表”。

（2）右键单击工作表 sheet2，选择快捷方式菜单中的“插入”，并重命名为自己的名字，如“朱丽叶”。

（3）右键单击工作表 sheet4，选择快捷方式菜单中的“删除”。

（4）单击“文件”选项卡，选择“另存为”，文件名“姓名 . xlsx”。

**操作题 2.**（10 分，难度系数 0.9）

如图 5－1－2 所示：

（1）将 sheet1 工作表复制一份放在 sheet1 的后面，并重命名为“订单表”。

（2）将“成绩单”工作表移动到最前面。

（3）删除工作表“sheet1”。

（4）保存该工作簿，文件名“班级姓名 . xlsx”。

| A | B | C | D | E |
|---|---|---|---|---|
| 销售途径 | 销售人员 | 订单金额 | 订单日期 | 订单 ID |
| 国际业务 | 高伟 | 440.00 | 2003/7/16 | 10248 |
| 国际业务 | 苏珊 | 1,863.40 | 2003/7/10 | 10249 |
| 国际业务 | 林茂 | 1,552.60 | 2003/7/12 | 10250 |
| 国际业务 | 何庆 | 654.06 | 2003/7/15 | 10251 |
| 国际业务 | 林茂 | 3,597.90 | 2003/7/11 | 10252 |
| 国际业务 | 何庆 | 1,444.80 | 2003/7/16 | 10253 |
| 国际业务 | 高伟 | 556.62 | 2003/7/23 | 10254 |
| 国际业务 | 何庆 | 2,490.50 | 2003/7/15 | 10255 |
| 国际业务 | 何庆 | 517.80 | 2003/7/17 | 10256 |
| 国际业务 | 林茂 | 1,119.90 | 2003/7/22 | 10257 |
| 国际业务 | 杨光 | 1,614.88 | 2003/7/23 | 10258 |
| 国际业务 | 林茂 | 100.80 | 2003/7/25 | 10259 |
| 国际业务 | 林茂 | 1,504.65 | 2003/7/29 | 10260 |
| 国际业务 | 林茂 | 448.00 | 2003/7/30 | 10261 |
| 国际业务 | 张林波 | 584.00 | 2003/7/25 | 10262 |

Sheet1 成绩单

图 5 –1 –2

**参考答案：**

（1）按键盘上 CTRL 键，拖动工作表 sheet1 将会产生 sheet1（2）工作表，右键单击工作表 sheet1（2），选择快捷方式菜单中的“重命名”，改名为“订单表”。

（2）拖动工作表“成绩单”至 sheet1 工作表前。

（3）右键单击工作表 sheet1，选择快捷方式菜单中的“删除”。

（4）单击“文件”选项卡，选择“另存为”，文件名“班级姓名 . xlsx”。

# 5.2 工作表操作

## 知识点 5. 2. 1 单元格地址

**选择题 1.**（3 分，难度系数 0. 75）

下列单元格地址中属于相对引用的是（ ）。

A. ＄E5　　B. E＄5　　C. E5　　D. ＄E＄5

**选择题 2.**（3 分，难度系数 0. 75）

下列地址中正确表示单元格绝对引用的是（ ）。

A. &E5　　B. E&5　　C. &E&5　　D. ＄E＄5

**选择题 3.**（3 分，难度系数 0. 9）

当前工作表的第 7 行第 4 列，其单元格地址为（ ）。

A. 74　　B. D7　　C. G4　　D. E7

**选择题 4.**（3 分，难度系数 0. 9）

Excel 工作表中，每个单元格用它所在的列标和行标来引用，如 A6 表示（ ）。

A. 第 A 行第 6 列的单元格　　B. 第 A 列第 6 行的单元格

C. 第2行第10列的单元格　　　　D. 第6行第10列的单元格

**选择题5.** (3分，难度系数0.75)

在EXCEL中，A2：D5表示（　　）。

A. A2和D5两个单元格　　　　B. A列到D列所有的单元格

C. A列和D列所有的单元格　　　　D. 左上角为A2，右下角为D5的单元格区域

## 知识点5.2.2　单元格数据输入（文本、数字、日期时间）

**选择题1.** (3分，难度系数0.9)

下列数据中属于文本类型的有（　　）。

A. 1 500　　B. 填充　　C. 2015－6－30　　D. ￥15.00

**选择题2.** (3分，难度系数0.9)

“true”的数据类型是（　　）。

A. 日期型　　B. 数值型　　C. 逻辑值　　D. 日期

**选择题3.** (3分，难度系数0.9)

在EXCEL中，日期型数据“2005年6月21日”的正确输入形式是（　　）。

A. 06－21—2005　　B. 6，21，2005　　C. 6：21：2005　　D. 6.21.2005

## 知识点5.2.3　单元格自动填充

**操作题1.** (3分，难度系数0.9)

请在A1：F6单元范围内输入如图5－2－3－1数据。

| 序号 | 日期 | 员工姓名 | 所属部门 | 出额 | 余额 |
|---|---|---|---|---|---|
| 1 | 2007-7-1 | 郭海淘 | 财务部 | | 15000 |
| 2 | 2007-7-3 | 张明 | 研发部 | 850 | 14150 |
| 3 | 2007-7-5 | 李强 | 秘书处 | 750 | 13400 |
| 4 | 2007-7-10 | 张兴娟 | 企划部 | 500 | 12900 |
| 5 | 2007-7-13 | 李至平 | 销售部 | 2100 | 10800 |

**图5－2－3－1**

**操作题2.** (5分，难度系数0.75)

请在A2：F4单元范围内输入如图5－2－3－2数据，要求不改变单元格高度与宽度，文字行数与图样式保持一致。

| 客户号 | 姓名 | 身份证号 | 工作单位 | 单位地址 | 办公电话 |
|---|---|---|---|---|---|
| 007 | 赵荣 | 510221197412010219 | 上海科技创业杂志社<br>有限公司 | 上海市杨浦区国定路<br>335号5007C室 | 02746354777 |
| 010 | 吴梅 | 350583197810120072 | 千钧万博（北京）信息<br>技术有限公司 | 北京市海淀区海淀大街<br>38号银科大厦1209 | 01085378666 |
| 110 | 陈倩倩 | 511801195209255202 | 深圳市威凯特科技有限<br>公司 | 深圳市福田区振中路鼎<br>诚大厦2508 | 05513689555 |

**图5－2－3－2**

**操作题3.**（3分，难度系数0.75）

请将图5－2－3－3中数据填入表5－2－3－1中。

| 职员编号 | 部门名称 | 职员姓名 | 值班 |
|---|---|---|---|
| C001 | 行销企划部 | 黄建强 | 星期一 |
| C002 | 行销企划部 | 司马项 | 星期二 |
| C003 | 人力资源部 | 黄平 | 星期三 |
| C004 | 系统集成部 | 贾申平 | 星期四 |
| C005 | 系统集成部 | 涂咏虔 | 星期五 |
| C006 | 系统集成部 | 俞志强 | 星期六 |
| C007 | 系统集成部 | 殷豫群 | 星期日 |
| C008 | 市场部 | 肖琪 | 星期一 |
| C009 | 网络安全部 | 苏武 | 星期二 |
| C010 | 技术服务部 | 张悦群 | 星期三 |
| C011 | 财务部 | 李巧 | 星期四 |
| C012 | 技术服务部 | 鲁帆 | 星期五 |
| C013 | 市场部 | 章戎 | 星期六 |
| C014 | 市场部 | 王晓燕 | 星期日 |
| C015 | 产品研发部 | 王海强 | 星期一 |
| C016 | 产品研发部 | 刘刚 | 星期二 |
| C017 | 产品研发部 | 张严 | 星期三 |
| C018 | 网络安全部 | 魏晓彤 | 星期四 |
| C019 | 产品研发部 | 吴开 | 星期五 |
| C020 | 财务部 | 刘思云 | 星期六 |

图5－2－3－3

表5－2－3－1

| 职员编号 | 部门名称 | 职员姓名 | 值班 |
|---|---|---|---|
| | | 黄建强 | |
| | | 司马项 | |
| | | 黄平 | |
| | | 贾申平 | |
| | | 涂咏虔 | |
| | | 俞志强 | |
| | | 殷豫群 | |
| | | 肖琪 | |
| | | 苏武 | |
| | | 张悦群 | |
| | | 李巧 | |
| | | 鲁帆 | |
| | | 章戎 | |
| | | 王晓燕 | |
| | | 王海强 | |
| | | 刘刚 | |
| | | 张严 | |
| | | 魏晓彤 | |
| | | 吴开 | |
| | | 刘思云 | |

**操作题 4.** （5 分，难度系数 0.6）

请根据本班情况，输入 10 名同学的姓名和性别，要求性别栏以下拉列表的方式输入，编号以“1”开头。如图 5－2－3－4 所示。

| 编号 | 姓名 | 性别 |
| --- | --- | --- |
| | | |
| | | |
| | | |
| | | |
| | | |
| | | |
| | | |
| | | |

图 5－2－3－4

**操作题 5.** （5 分，难度系数 0.6）

如图 5－2－3－5 所示：

（1）填写“日期”栏，具体日期分别在 B3、B5、B8、B17、B23 等单元格内的批注中说明。

（2）填写“制单人”栏，制单人全部为：李蓓。

（3）填写“审核人”栏，审核人全部为：赵琳。

（4）填写“记账人”栏，记账人全部为：自己的姓名。

2007年1月记账凭证清单

| 类别编号 | 日期 | 附件 | 摘要 | 科目名称 | 借方金额 | 贷方金额 | 制单人 | 审核人 | 记账人 |
| --- | --- | --- | --- | --- | --- | --- | --- | --- | --- |
| 记001 | | 1 | 报办公费 | 管理费用 | 185.00 | | | | |
| 记001 | | 1 | 报办公费 | 库存现金 | | 185.00 | | | |
| 记002 | | 3 | 购原材料 | A101 | 260,000.00 | | | | |
| 记002 | | 3 | 购原材料 | 进项税额 | 44,200.00 | | | | |
| 记002 | | 3 | 购原材料 | 工行存款 | | 304,200.00 | | | |
| 记003 | | 2 | 销售产品 | 中行存款 | 81,900.00 | | | | |
| 记003 | | 2 | 销售产品 | 甲产品 | | 70,000.00 | | | |
| 记003 | | 2 | 销售产品 | 销项税额 | | 11,900.00 | | | |
| 记004 | | 1 | 报销费用 | 管理费用 | 1,200.00 | | | | |
| 记004 | | 1 | 报销费用 | 其他应收款 | | 1,000.00 | | | |
| 记004 | | 1 | 报销费用 | 库存现金 | | 200.00 | | | |
| 记005 | | 1 | 销售产品 | 应收账款 | 351,000.00 | | | | |
| 记005 | | 1 | 销售产品 | 甲产品 | | 300,000.00 | | | |
| 记005 | | 1 | 销售产品 | 销项税额 | | 51,000.00 | | | |
| 记006 | | 1 | 提现发工资 | 库存现金 | 66,053.50 | | | | |
| 记006 | | 1 | 提现发工资 | 工行存款 | | 66,053.50 | | | |
| 记007 | | 1 | 提现发工资 | 工资 | 83,260.00 | | | | |
| 记007 | | 1 | 提现发工资 | 库存现金 | | 66,053.50 | | | |
| 记007 | | 1 | 提现发工资 | 社会保险金 | | 11,640.00 | | | |
| 记007 | | 1 | 提现发工资 | 应交个人所得税 | | 5,566.50 | | | |
| 记008 | | 1 | 分配工资 | 管理费用 | 33,590.00 | | | | |
| 记008 | | 1 | 分配工资 | 销售费用 | 14,270.00 | | | | |
| 记008 | | 1 | 分配工资 | 制造费用 | 6,400.00 | | | | |

图 5－2－3－5

# 5.3 表格编辑：插入、删除行、列合并和取消

**操作题 1.** （3 分，难度系数 0.9）

如图 5－3－1 所示：

（1）删除第 7 行。

（2）在第 1 列左边再插入一列，列标题为“序号”，并自动填充编号“1，2……”。

（3）在表格最前面添加一空行，并将 A1：J1 合并并居中，添加标题为“会计 1301 班成绩单”。

| 班级 | 姓名 | 性别 | 英文 | 字根 | 汉字 | 理论 | 文件操作1 | 文件操作2 | 总分 |
|---|---|---|---|---|---|---|---|---|---|
| 会计1301班 | 潘静 | 女 | 10 | 10 | 13 | 29 | 15 | 10.5 | 88 |
| 会计1301班 | 韩杰 | 男 | 10 | 0 | 12 | 16 | 0 | 0 | 38 |
| 会计1301班 | 黄力翀 | 男 | 10 | 6 | 9 | 16 | 12 | 10.5 | 63 |
| 会计1301班 | 王子君 | 女 | 10 | 10 | 12 | 26 | 12 | 13.5 | 83 |
| 会计1301班 | 郭一骏 | 女 | 8 | 7 | 5 | 30 | 15 | 13.5 | 79 |
| 会计1301班 | 余俊 | 女 | | | | | | | |
| 会计1301班 | 吴亦丹 | 女 | 7 | 5 | 20 | 29 | 15 | 15 | 91 |
| 会计1301班 | 张楚怡 | 女 | 10 | 10 | 9 | 30 | 15 | 13.5 | 88 |
| 会计1301班 | 陈诗莹 | 女 | 8 | 2 | 9 | 29 | 9 | 3 | 60 |
| 会计1301班 | 王晓雯 | 女 | 10 | 3 | 17 | 13 | 12 | 13.5 | 68 |
| 会计1301班 | 杨盼盼 | 女 | 9 | 5 | 12 | 17 | 9 | 1.5 | 54 |
| 会计1301班 | 汪钰婷 | 女 | 10 | 10 | 20 | 30 | 15 | 15 | 100 |
| 会计1301班 | 李佳锐 | 女 | 10 | 7 | 20 | 27 | 12 | 10.5 | 86 |

**图 5－3－1**

**操作题 2.** （5 分，难度系数 0.75）

如图 5－3－2 所示：

（1）在表格 5－3－1 上面插入一空行。

（2）合并 F1：G1。

（3）分别合并 A1：A2、B1：B2、C1：C2、D1：D2、E1：E2，效果如图 5－3－3 所示。

| 姓名 | 性别 | 英文 | 字根 | 汉字 | 文件操作1 | 文件操作2 |
|---|---|---|---|---|---|---|
| 潘静 | 女 | 10 | 10 | 13 | 15 | 10.5 |
| 韩杰 | 男 | 10 | 0 | 12 | 0 | 0 |
| 黄力翀 | 男 | 10 | 6 | 9 | 12 | 10.5 |
| 王子君 | 女 | 10 | 10 | 12 | 12 | 13.5 |
| 郭一骏 | 女 | 8 | 7 | 5 | 15 | 13.5 |
| 吴亦丹 | 女 | 7 | 5 | 20 | 15 | 15 |
| 张楚怡 | 女 | 10 | 10 | 9 | 15 | 13.5 |
| 陈诗莹 | 女 | 8 | 2 | 9 | 9 | 3 |
| 王晓雯 | 女 | 10 | 3 | 17 | 12 | 13.5 |
| 杨盼盼 | 女 | 9 | 5 | 12 | 9 | 1.5 |
| 汪钰婷 | 女 | 10 | 10 | 20 | 15 | 15 |
| 李佳锐 | 女 | 10 | 7 | 20 | 12 | 10.5 |

**图 5－3－2**

| 姓名 | 性别 | 英文 | 字根 | 汉字 | 文件操作 | |
|---|---|---|---|---|---|---|
| | | | | | 文件操作1 | 文件操作2 |
| 潘静 | 女 | 10 | 10 | 13 | 15 | 10.5 |
| 韩杰 | 男 | 10 | 0 | 12 | 0 | 0 |
| 黄力翀 | 男 | 10 | 6 | 9 | 12 | 10.5 |
| 王子君 | 女 | 10 | 10 | 12 | 12 | 13.5 |
| 郭一骏 | 女 | 8 | 7 | 5 | 15 | 13.5 |
| 吴亦丹 | 女 | 7 | 5 | 20 | 15 | 15 |
| 张楚怡 | 女 | 10 | 10 | 9 | 15 | 13.5 |
| 陈诗莹 | 女 | 8 | 2 | 9 | 9 | 3 |
| 王晓雯 | 女 | 10 | 3 | 17 | 12 | 13.5 |
| 杨盼盼 | 女 | 9 | 5 | 12 | 9 | 1.5 |
| 汪钰婷 | 女 | 10 | 10 | 20 | 15 | 15 |
| 李佳锐 | 女 | 10 | 7 | 20 | 12 | 10.5 |

图 5-3-3

**操作题 3.** （5 分，难度系数 0.75）

如图 5-3-4 所示：

（1）合并 A1：B2 单元格。

（2）将 D1：E2 单元格合并后居中。

（3）将 B7：C10 单元格合并后居中。

| | A | B | C | D | E |
|---|---|---|---|---|---|
| 1 | | | | | |
| 2 | | 合并单元格 | | 合并居中 | |
| 3 | | | | | |
| 4 | | | | | |
| 5 | | | | | |
| 6 | | | | | |
| 7 | | 多单元格合并 | 0 | | |
| 8 | | 0 | 0 | | |
| 9 | | 0 | 0 | | |
| 10 | | 0 | 0 | | |

图 5-3-4

# 5.4 数据格式化

## 知识点 5.4.1 单元格格式化

**操作题 1.** （3 分，难度系数 0.9）

将图 5-4-1-1 所示工作表格式化成图 5-4-1-2 样式。

| 原始数据 | 格式化后显示 | 格式类型 |
|---|---|---|
| 39668 | 39668 | 日期 |
| -16580.2586 | -16580.2586 | 数值 |
| 0.505648148 | 0.505648148 | 时间 |
| 0.0459 | 0.0459 | 百分比 |
| 0.6125 | 0.6125 | 分数 |
| 5431231.35 | 5431231.35 | 货币 |
| 12345 | 12345 | 特殊-中文大写数字 |

图 5－4－1－1

| 原始数据 | 格式化后显示 | 格式类型 |
|---|---|---|
| 39668 | 2008年8月8日 | 日期 |
| -16580.2586 | -16580.26 | 数值 |
| 0.505648148 | 12:08:08 PM | 时间 |
| 0.0459 | 4.59% | 百分比 |
| 0.6125 | 49/80 | 分数 |
| 5431231.35 | ¥5,431,231.35 | 货币 |
| 12345 | 壹万贰仟叁佰肆拾伍 | 特殊-中文大写数字 |

图 5－4－1－2

**操作题 2.** （10 分，难度系数 0.9）

如图 5－4－1－3 所示：

（1）设置 A2：A4 单元格的水平对齐方式为“靠左（缩进）”，缩进量为 2，垂直方式为“居中”。

（2）设置 E1 单元格的水平对齐方式为“填充”，垂直方式为“居中”。

（3）设置 A6 单元格的水平对齐方式为“分散对齐”，垂直方式为“居中”。

（4）设置 A7 单元格的水平对齐方式为“两端对齐”，垂直方式为“居中”。

（5）设置 A11：H11 区域水平对齐方式为“跨列居中”。

| | | | | |
|---|---|---|---|---|
| 一、管理费用 | | | | 水平对齐一填充 |
| 1、工资 | | | | |
| 2、水电费 | | | | |
| 3、办公费 | | | | |
| | | | | |
| 水平对齐一分散对齐 | | | | |
| 水平对齐一两端对齐 | | | | |
| | | | | |
| | | | | |
| | | | | |
| 资产负债表 | | | | |

图 5－4－1－3

**操作题 3.** （10 分，难度系数 0.9）

如图 5－4－1－4 所示：

（1） A1：E1 合并并居中。

（2） 将 E3：E16 保留两位小数。

| 各地区销区统计 | | | | |
|---|---|---|---|---|
| 业务员 | 销售地区 | 产品名称 | 销售数量 | 销售金额 |
| 张勇 | 新疆 | CCS-128 | 46 | 128800 |
| 秦勇 | 新疆 | CCS-128 | 86 | 240800 |
| 凌勇刚 | 新疆 | CCS-128 | 94 | 263200 |
| 杜忠 | 新疆 | CCS-128 | 35 | 98000 |
| 侯启龙 | 新疆 | CCS-128 | 49 | 137200 |
| 廉欢 | 天津 | CCS-192 | 87 | 313200 |
| 丁涛 | 天津 | CCS-192 | 57 | 205200 |
| 徐晓明 | 天津 | CCS-192 | 13 | 46800 |
| 李新 | 天津 | CCS-192 | 87 | 313200 |
| 朱体高 | 天津 | CCS-192 | 75 | 270000 |
| 王双 | 四川 | CCS-192 | 31 | 111600 |
| 王志为 | 四川 | CCS-192 | 33 | 118800 |
| 薛滨峰 | 四川 | CCS-192 | 13 | 46800 |
| 高连兴 | 四川 | CCS-192 | 97 | 349200 |

**图 5－4－1－4**

**操作题 4.** （10 分，难度系数 0.75）

如图 5－4－1－5 所示：

（1） 设置 B2 单元格的文本倾斜 45 度。

（2） 设置 E2 单元格的文本倾斜 －45 度。

（3） 设置 B2 单元格的文本为竖排文本。

（4） 设置 E2 单元格的文本向上旋转文字。

| | A | B | C | D | E | F |
|---|---|---|---|---|---|---|
| 1 | | | | | | |
| 2 | | Excel2010应用大全 | | | Excel2010应用大全 | |
| 3 | | | | | | |
| 4 | | Excel2010应用大全 | | | Excel2010应用大全 | |

**图 5－4－1－5**

**操作题 5.** （10 分，难度系数 0.75）

如图 5－4－1－6 所示：

（1） 将 A2：F2 区域内的字体设为“隶书”、蓝色、字号 16 磅。

（2） 表格数据的字体为“宋体”、浅蓝色、字号 14 磅。

（3）将 D3：F14 区域内的数据设置为货币格式、带 1 位小数。

（4）将表格标题相对表格居中、字体为“隶书”、深蓝色、字号 18 磅并加粗。

| | A | B | C | D | E | F |
|---|---|---|---|---|---|---|
| 1 | 八月份费用表 | | | | | |
| 2 | 日期 | 费用项目 | 使用说明 | 支付金额 | 本月预算 | 预算余额 |
| 3 | 39264 | 办公费 | 购买签字笔 | 200 | 500 | 300 |
| 4 | 39268 | 招待费 | | 500 | 1500 | 1000 |
| 5 | 39271 | 宣传费 | 制作IM | 680 | 800 | 120 |
| 6 | 39273 | 通讯费 | 手机 | 300 | 500 | 200 |
| 7 | 39278 | 交通费 | 出差 | 900 | 1500 | 600 |
| 8 | 39280 | 通讯费 | 购买座机电 | 200 | 100 | -100 |
| 9 | 39281 | 办公费 | 购买记事本 | 300 | 500 | 200 |
| 10 | 39282 | 交通费 | 出差 | 680 | 1000 | 320 |
| 11 | 39283 | 宣传费 | 宣传 | 0 | 800 | 800 |
| 12 | 39283 | 招待费 | | 290 | 1500 | 1210 |
| 13 | 39288 | 办公费 | 购买打印纸 | 80 | 500 | 420 |
| 14 | 39291 | 通讯费 | 购买电话卡 | 200 | 100 | -100 |

**图 5-4-1-6**

## 知识点 5.4.2 表格格式化

**操作题 1.** （3 分，难度系数 0.75）

如图 5-4-2-1 所示。

套用表格样式“表样式浅色 17”，要求：不包含标题。

| | A | B | C | D | E | F |
|---|---|---|---|---|---|---|
| 1 | 发生日期 | 凭证号数 | 科目编码 | 科目名称 | 部门 | 发生额 |
| 2 | 40567 | 记-0120 | 5502261310 | 教育经费 | 特化 | 36.63 |
| 3 | 40567 | 记-0120 | 5502261303 | 失业保险 | 特化 | 38 |
| 4 | 40567 | 记-0120 | 5502261309 | 工会经费 | 特化 | 48.84 |
| 5 | 40567 | 记-0120 | 5502260310 | 教育经费 | 特化 | 55.26 |
| 6 | 40567 | 记-0120 | 5502260303 | 失业保险 | 特化 | 56 |
| 7 | 40567 | 记-0120 | 5502260309 | 工会经费 | 特化 | 73.68 |
| 8 | 40567 | 记-0120 | 55021103 | 失业保险 | 特气 | 76 |
| 9 | 40567 | 记-0120 | 55021110 | 教育经费 | 特气 | 76.62 |
| 10 | 40567 | 记-0120 | 55021109 | 工会经费 | 特气 | 102.17 |
| 11 | 40567 | 记-0120 | 5502260710 | 教育经费 | 特化 | 103.54 |
| 12 | 40567 | 记-0120 | 5502260703 | 失业保险 | 特化 | 108 |
| 13 | 40567 | 记-0120 | 5502260709 | 工会经费 | 特化 | 138.06 |
| 14 | 40567 | 记-0120 | 5502261301 | 公积金 | 特化 | 493 |
| 15 | 40567 | 记-0120 | 55020103 | 失业保险 | 一室 | 648 |
| 16 | 40567 | 记-0120 | 55020110 | 教育经费 | 一室 | 653.27 |
| 17 | 40567 | 记-0120 | 5502260301 | 公积金 | 特化 | 864 |
| 18 | 40567 | 记-0120 | 55020109 | 工会经费 | 一室 | 871.03 |
| 19 | 40567 | 记-0120 | 55021003 | 失业保险 | 十室 | 1050 |

**图 5-4-2-1**

**参考答案：**如图 5－4－2－2 所示。

| 列1 | 列2 | 列3 | 列4 | 列5 | 列6 |
|---|---|---|---|---|---|
| 发生日期 | 凭证号数 | 科目编码 | 科目名称 | 部门 | 发生额 |
| 40567 | 记-0120 | 5502261310 | 教育经费 | 特化 | 36.63 |
| 40567 | 记-0120 | 5502261303 | 失业保险 | 特化 | 38 |
| 40567 | 记-0120 | 5502261309 | 工会经费 | 特化 | 48.84 |
| 40567 | 记-0120 | 5502260310 | 教育经费 | 特化 | 55.26 |
| 40567 | 记-0120 | 5502260303 | 失业保险 | 特化 | 56 |
| 40567 | 记-0120 | 5502260309 | 工会经费 | 特化 | 73.68 |
| 40567 | 记-0120 | 55021103 | 失业保险 | 特气 | 76 |
| 40567 | 记-0120 | 55021110 | 教育经费 | 特气 | 76.62 |
| 40567 | 记-0120 | 55021109 | 工会经费 | 特气 | 102.17 |
| 40567 | 记-0120 | 5502260710 | 教育经费 | 特化 | 103.54 |
| 40567 | 记-0120 | 5502260703 | 失业保险 | 特化 | 108 |
| 40567 | 记-0120 | 5502260709 | 工会经费 | 特化 | 138.06 |
| 40567 | 记-0120 | 5502261301 | 公积金 | 特化 | 493 |
| 40567 | 记-0120 | 55020103 | 失业保险 | 一室 | 648 |
| 40567 | 记-0120 | 55020110 | 教育经费 | 一室 | 653.27 |
| 40567 | 记-0120 | 5502260301 | 公积金 | 特化 | 864 |
| 40567 | 记-0120 | 55020109 | 工会经费 | 一室 | 871.03 |
| 40567 | 记-0120 | 55021003 | 失业保险 | 十室 | 1050 |

图 5－4－2－2

**操作题 2.** （5 分，难度系数 0.75）

如图 5－4－2－3 所示。

套用表格样式“表样式中等深线 5”。

|  | A | B | C | D | E |
|---|---|---|---|---|---|
| 1 | 日期 | 客户编码 | 实际客户名称 | 销售金额 | 销售数量 |
| 2 | 2011/2/1 | 77707708 | 邦基粮油有限 | 31,100.00 | 40.00 |
| 3 | 2011/2/1 | 90968900 | 东华汽车实业有限公司 | 7,775.00 | 10.00 |
| 4 | 2011/2/2 | 91739200 | 京东纤维有限公司 | 132,175.00 | 170.00 |
| 5 | 2011/2/3 | 91739200 | 京东纤维有限公司 | 23,325.00 | 30.00 |
| 6 | 2011/2/4 | 77709989 | 马山钢铁股份有限公司 | 209,925.00 | 270.00 |
| 7 | 2011/2/5 | 92312710 | 尔科工业公司 | 37,320.00 | 48.00 |
| 8 | 2011/2/6 | 91769600 | 畅通道路工程有限公司 | 7,775.00 | 10.00 |
| 9 | 2011/2/6 | 90079710 | 南方东方化工有限公司 | 77,750.00 | 100.00 |
| 10 | 2011/2/6 | 91279070 | 南方华浦高科建材有限公司 | 15,550.00 | 20.00 |
| 11 | 2011/2/7 | 92079200 | 健康物流有限公司 | 7,775.00 | 10.00 |
| 12 | 2011/2/7 | 92109870 | 南方三圣物流有限公司 | 38,875.00 | 50.00 |
| 13 | 2011/2/7 | 91330170 | 南方中北（集团）股份有限公司 | 154,000.00 | 200.00 |
| 14 | 2011/2/7 | 91997700 | 新实力食品科技（南方）有限公司 | 23,325.00 | 30.00 |
| 15 | 2011/2/7 | 91989690 | 南方江宁第五汽车运输有限公司 | 15,550.00 | 20.00 |
| 16 | 2011/2/7 | 91398100 | 六合区通达危险品加油站 | 22,425.00 | 30.00 |
| 17 | 2011/2/8 | 91926760 | 苏通中烟工业有限责任公司 | 116,625.00 | 150.00 |
| 18 | 2011/2/8 | 91260780 | 南方利恒储运有限公司 | 10,107.50 | 13.00 |
| 19 | 2011/2/8 | 91737770 | 南方钢铁四通运输有限责任公司 | 27,212.50 | 35.00 |
| 20 | 2011/2/8 | 92239980 | 南方博丰混凝土有限公司 | 3,110.00 | 4.00 |
| 21 | 2011/2/8 | 91279620 | 南方鸿兴达通信实业(集团)有限公司 | 97,965.00 | 126.00 |
| 22 | 2011/2/8 | 92781060 | 南方成控物资配套有限公司 | 7,775.00 | 10.00 |
| 23 | 2011/2/8 | 92977910 | 南方坤宇水泥复合材料有限责任公司 | 3,887.50 | 5.00 |
| 24 | 2011/2/8 | 92026670 | 苏通省高级人民法院 | 24,491.25 | 31.50 |
| 25 | 合计 |  |  | 1,095,818.75 | 1,412.50 |

图 5－4－2－3

**参考答案：**如图 5－4－2－4 所示。

| 日期 | 客户编码 | 实际客户名称 | 销售金额 | 销售数量 |
|---|---|---|---|---|
| 2011/2/1 | 77707708 | 邦基粮油有限 | 31,100.00 | 40.00 |
| 2011/2/1 | 90968900 | 东华汽车实业有限公司 | 7,775.00 | 10.00 |
| 2011/2/2 | 91739200 | 京东纤维有限公司 | 132,175.00 | 170.00 |
| 2011/2/3 | 91739200 | 京东纤维有限公司 | 23,325.00 | 30.00 |
| 2011/2/4 | 77709989 | 马山钢铁股份有限公司 | 209,925.00 | 270.00 |
| 2011/2/5 | 92312710 | 尔科工业公司 | 37,320.00 | 48.00 |
| 2011/2/6 | 91769600 | 畅通道路工程有限公司 | 7,775.00 | 10.00 |
| 2011/2/6 | 90079710 | 南方东方化工有限公司 | 77,750.00 | 100.00 |
| 2011/2/6 | 91279070 | 南方华浦高科建材有限公司 | 15,550.00 | 20.00 |
| 2011/2/7 | 92079200 | 健康物流有限公司 | 7,775.00 | 10.00 |
| 2011/2/7 | 92109870 | 南方三圣物流有限公司 | 38,875.00 | 50.00 |
| 2011/2/7 | 91330170 | 南方中北（集团）股份有限公司 | 154,000.00 | 200.00 |
| 2011/2/7 | 91997700 | 新实力食品科技（南方）有限公司 | 23,325.00 | 30.00 |
| 2011/2/7 | 91989690 | 南方江宁第五汽车运输有限公司 | 15,550.00 | 20.00 |
| 2011/2/7 | 91398100 | 六合区通达危险品加油站 | 22,425.00 | 30.00 |
| 2011/2/8 | 91926760 | 苏通中烟工业有限责任公司 | 116,625.00 | 150.00 |
| 2011/2/8 | 91260780 | 南方利恒储运有限公司 | 10,107.50 | 13.00 |
| 2011/2/8 | 91737770 | 南方钢铁四通运输有限责任公司 | 27,212.50 | 35.00 |
| 2011/2/8 | 92239980 | 南方博丰混凝土有限公司 | 3,110.00 | 4.00 |
| 2011/2/8 | 91279620 | 南方鸿兴达通信实业(集团)有限公司 | 97,965.00 | 126.00 |
| 2011/2/8 | 92781060 | 南方成控物资配套有限公司 | 7,775.00 | 10.00 |
| 2011/2/8 | 92977910 | 南方坤宇水泥复合材料有限责任公司 | 3,887.50 | 5.00 |
| 2011/2/8 | 92026670 | 苏通省高级人民法院 | 24,491.25 | 31.50 |
| 合计 | | | 1,095,818.75 | 1,412.50 |

图 5－4－2－4

**操作题 3.**（5 分，难度系数 0.75）

如图 5－4－2－5 所示。

设置单元格的边框。

| | 销售一部 | 销售二部 | 销售三部 | 销售四部 | 合计 |
|---|---|---|---|---|---|
| 2011年1月 | | | | | |
| 2011年2月 | | | | | |
| 2011年3月 | | | | | |
| 2011年4月 | | | | | |
| 2011年5月 | | | | | |
| 2011年6月 | | | | | |
| 合计 | | | | | |

图 5－4－2－5

**参考答案：**如图 5－4－2－6 所示。

| 金额 部门 月份 | 销售一部 | 销售二部 | 销售三部 | 销售四部 | 合计 |
|---|---|---|---|---|---|
| 2011年1月 | | | | | |
| 2011年2月 | | | | | |
| 2011年3月 | | | | | |
| 2011年4月 | | | | | |
| 2011年5月 | | | | | |
| 2011年6月 | | | | | |
| 合计 | | | | | |

图 5－4－2－6

**操作题 4.**（5 分，难度系数 0.75）

如图 5－4－2－7 所示。

格式化工作表。（表格文字大小为 11 磅。）

| 工资费用分配表 | | | | | | |
|---|---|---|---|---|---|---|
| 应借账户 | | 生产工人 | | | 其他人员 | 合计 |
| | | 工时 | 分配率 | 分配金额 | | |
| 基本生产成本 | 甲产品 | 9000 | | 4500 | | 4500 |
| | 乙产品 | 8200 | | 4100 | | 4100 |
| | 小 计 | 17200 | 0.5 | 8600 | | 8600 |
| 辅助生产成本 | | | | | 4800 | 4800 |
| 制造费用 | | | | | 920 | 920 |
| 管理费用 | | | | | 3600 | 3600 |
| 会计 | | | | 8600 | 9320 | 17920 |

**图 5－4－2－7**

**参考答案：**如图 5－4－2－8 所示。

| 工资费用分配表 | | | | | | |
|---|---|---|---|---|---|---|
| 应借账户 | | 生产工人 | | | 其他人员 | 合计 |
| | | 工时 | 分配率 | 分配金额 | | |
| 基本生产成本 | 甲产品 | 9000 | | ¥4,500.00 | | ¥4,500.00 |
| | 乙产品 | 8200 | | ¥4,100.00 | | ¥4,100.00 |
| | 小 计 | 17200 | 0.5 | ¥8,600.00 | | ¥8,600.00 |
| 辅助生产成本 | | | | | ¥4,800.00 | ¥4,800.00 |
| 制造费用 | | | | | ¥920.00 | ¥920.00 |
| 管理费用 | | | | | ¥3,600.00 | ¥3,600.00 |
| 会计 | | | | ¥8,600.00 | ¥9,320.00 | ¥17,920.00 |

**图 5－4－2－8**

**操作题 5.**（5 分，难度系数 0.75）

如图 5－4－2－9 所示：

（1）在名称行前插入一行，并合并 A1：E1 单元格，行高 18；插入文字是“华联超市连锁店销售额”：黑体、12 磅；（单位：万元）：宋体、10 磅。

（2）第 2 行：宋体、12 磅、居中、浅黄背景；

（3）A3：A9：宋体、12 磅、居中；

（4）B3：E9：Times New Roman、12 磅，2 位小数；

（5）A2：E9：外线，红色双线，内线兰色细直线；

A3：E9：浅绿背景；

（6）第 2 行：第 9 行：行高 16；

（7）第 A 列：第 E 列：列宽 10。

| 名称 | 一季度 | 二季度 | 三季度 | 四季度 |
|---|---|---|---|---|
| 中原店 | 220 | 260 | 202 | 220 |
| 凤城店 | 233 | 284 | 220 | 215 |
| 双辽店 | 230 | 230 | 220 | 237 |
| 水丰店 | 231 | 259 | 240 | 254 |
| 长阳店 | 214 | 298 | 219 | 245 |
| 长岭店 | 279 | 286 | 238 | 264 |
| 长海店 | 201 | 240 | 221 | 250 |

**图 5-4-2-9**

**参考答案：**如图 5-4-2-10 所示。

| | A | B | C | D | E |
|---|---|---|---|---|---|
| 1 | 华联超市连锁店销售额 (单位:万元) | | | | |
| 2 | 名称 | 一季度 | 二季度 | 三季度 | 四季度 |
| 3 | 中原店 | 220.34 | 260.27 | 201.90 | 220.33 |
| 4 | 凤城店 | 233.10 | 283.96 | 220.36 | 214.54 |
| 5 | 双辽店 | 229.98 | 230.45 | 219.83 | 236.76 |
| 6 | 水丰店 | 231.14 | 259.35 | 239.66 | 254.33 |
| 7 | 长阳店 | 213.53 | 298.48 | 218.64 | 244.57 |
| 8 | 长岭店 | 278.51 | 286.34 | 238.22 | 264.30 |
| 9 | 长海店 | 200.54 | 239.78 | 221.25 | 250.23 |

**图 5-4-2-10**

**操作题 6.** (5 分，难度系数 0.75)

如图 5-4-2-11 所示：

(1) 将 Sheet1 中的 A1：C1 合并为一个单元格，跨列居中，选择最适应的行高，华文楷体、20 号、加粗、双下划线，添加灰色（-50%）底纹。

(2) C3：C7 使用百分比样式，保留一位小数。

(3) 设置该工作表 A2：C8 外边框为黑色双实线，内部为红色单虚线。

| 某大学师资情况表 | | |
|---|---|---|
| 职称 | 人数 | 百分比 |
| 教授 | 125 | 0.1 |
| 副教授 | 286 | 0.2 |
| 高级讲师 | 350 | 0.2 |
| 讲师 | 430 | 0.3 |
| 助教 | 223 | 0.2 |
| 合计 | 1414 | |

**图 5-4-2-11**

**操作题 7.**（5 分，难度系数 0.75）

如图 5－4－2－12 所示。

1. 将 B2：B15 区域应用“渐变填充－浅蓝色数据条”条件格式样式。
2. 将 C2：C15 区域应用“实心填充－红色数据条”条件格式样式。

| 日期 | 销量 | 金额 |
|---|---|---|
| 2010年8月1日 | 164 | 59,197.63 |
| 2010年8月2日 | 152 | 64,378.67 |
| 2010年8月3日 | 251 | 70,734.44 |
| 2010年8月4日 | 150 | 63,523.05 |
| 2010年8月5日 | 141 | 69,808.46 |
| 2010年8月6日 | 61 | 29,701.13 |
| 2010年8月7日 | 69 | 25,419.83 |
| 2010年8月8日 | 91 | 36,866.50 |
| 2010年8月9日 | 187 | 108,839.37 |
| 2010年8月10日 | 123 | 71,400.47 |
| 2010年8月11日 | 164 | 96,910.49 |
| 2010年8月12日 | 305 | 216,428.68 |
| 2010年8月13日 | 29 | 4,707.81 |
| 2010年8月14日 | 62 | 24,757.77 |

图 5－4－2－12

**参考答案：**如图 5－4－2－13 所示。

| 日期 | 销量 | 金额 |
|---|---|---|
| 2010年8月1日 | 164 | 59,197.63 |
| 2010年8月2日 | 152 | 64,378.67 |
| 2010年8月3日 | 251 | 70,734.44 |
| 2010年8月4日 | 150 | 63,523.05 |
| 2010年8月5日 | 141 | 69,808.46 |
| 2010年8月6日 | 61 | 29,701.13 |
| 2010年8月7日 | 69 | 25,419.83 |
| 2010年8月8日 | 91 | 36,866.50 |
| 2010年8月9日 | 187 | 108,839.37 |
| 2010年8月10日 | 123 | 71,400.47 |
| 2010年8月11日 | 164 | 96,910.49 |
| 2010年8月12日 | 305 | 216,428.68 |
| 2010年8月13日 | 29 | 4,707.81 |
| 2010年8月14日 | 62 | 24,757.77 |

图 5－4－2－13

**操作题8.** （5分，难度系数0.75）

如图5－4－2－14所示。

将B4：N4应用“红－黄－绿色阶”条件格式样式。

| 主要城市月平均气温 （2009年） | | | | | | | | | | | | |
|---|---|---|---|---|---|---|---|---|---|---|---|---|
| | | | | | | | | | | | | 单位：℃ |
| 城市 | 1月 | 2月 | 3月 | 4月 | 5月 | 6月 | 7月 | 8月 | 9月 | 10月 | 11月 | 12月 | 年平均气温 |
| 南京市 | 2.2 | 7.3 | 9.8 | 16.6 | 21.9 | 26.6 | 28 | 27.2 | 23.4 | 20.1 | 8.6 | 4.5 | 16.4 |

**图5－4－2－14**

**参考答案：**如图5－4－2－15所示。

| 主要城市月平均气温 （2009年） | | | | | | | | | | | | | |
|---|---|---|---|---|---|---|---|---|---|---|---|---|---|
| | | | | | | | | | | | | | 单位：℃ |
| 城市 | 1月 | 2月 | 3月 | 4月 | 5月 | 6月 | 7月 | 8月 | 9月 | 10月 | 11月 | 12月 | 年平均气温 |
| 南京市 | 2.2 | 7.3 | 9.8 | 16.6 | 21.9 | 26.6 | 28 | 27.2 | 23.4 | 20.1 | 8.6 | 4.5 | 16.4 |

**图5－4－2－15**

**操作题9.** （5分，难度系数0.75）

如图5－4－2－16所示：

（1）将90分以上的成绩用“小红旗”显示。

（2）将60分以下的单元格填充“浅绿色”。

| 学生成绩表 | | | |
|---|---|---|---|
| 金额 | 语文 | 数学 | 英语 |
| 王一明 | 53 | 76 | 75 |
| 夏明 | 95 | 87 | 95 |
| 田小英 | 75 | 95 | 91 |
| 胡天一 | 76 | 83 | 58 |
| 朱晓晓 | 80 | 92 | 77 |
| 陈亮 | 70 | 56 | 88 |
| 方小天 | 99 | 80 | 80 |
| 周敏 | 85 | 97 | 87 |

**图5－4－2－16**

**参考答案：**如图5－4－2－17所示。

| 学生成绩表 | | | |
|---|---|---|---|
| 金额 | 语文 | 数学 | 英语 |
| 王一明 | 53 | 76 | 75 |
| 夏明 | 95 | 87 | 95 |
| 田小英 | 75 | 95 | 91 |
| 胡天一 | 76 | 83 | 58 |
| 朱晓晓 | 80 | 92 | 77 |
| 陈亮 | 70 | 56 | 88 |
| 方小天 | 99 | 80 | 80 |
| 周敏 | 85 | 97 | 87 |

图 5－4－2－17

**操作题 10.**（5 分，难度系数 0.6）

如图 5－4－2－18 所示。

将前 3 名同学的名次所在单元格用深红色填充。

| 学 生 成 绩 表 | | | | | |
|---|---|---|---|---|---|
| 学号 | 姓名 | 性别 | 班级 | 成绩 | 名次 |
| 2013017 | 崔晓亮 | 男 | 1 | 610 | 5 |
| 2013018 | 李军 | 男 | 1 | 619 | 2 |
| 2013009 | 杨昆 | 女 | 2 | 576 | 11 |
| 2013010 | 汪峰 | 男 | 2 | 611 | 4 |
| 2013011 | 肖强 | 男 | 1 | 571 | 15 |
| 2013012 | 蒋小娟 | 女 | 2 | 601 | 9 |
| 2013013 | 沈书清 | 女 | 2 | 574 | 12 |
| 2013014 | 季曙明 | 男 | 1 | 638 | 1 |
| 2013015 | 丁薪 | 女 | 2 | 614 | 3 |
| 2013016 | 许丽华 | 女 | 1 | 574 | 12 |
| 2013001 | 何爱存 | 女 | 3 | 581 | 10 |
| 2013002 | 张琳 | 男 | 3 | 501 | 18 |
| 2013003 | 刘蒙 | 男 | 2 | 608 | 6 |
| 2013004 | 曹小亮 | 男 | 3 | 603 | 8 |
| 2013005 | 严玉梅 | 女 | 2 | 539 | 16 |
| 2013006 | 庄春华 | 男 | 3 | 524 | 17 |
| 2013007 | 王淑华 | 男 | 3 | 574 | 12 |
| 2013008 | 魏晨 | 男 | 3 | 607 | 7 |

图 5－4－2－18

**参考答案：**如图 5－4－2－19 所示。

| 学生成绩表 | | | | | |
|---|---|---|---|---|---|
| 学号 | 姓名 | 性别 | 班级 | 成绩 | 名次 |
| 2013017 | 崔晓亮 | 男 | 1 | 610 | 5 |
| 2013018 | 李军 | 男 | 1 | 619 | [redacted] |
| 2013009 | 杨昆 | 女 | 2 | 576 | 11 |
| 2013010 | 汪峰 | 男 | 2 | 611 | 4 |
| 2013011 | 肖强 | 男 | 1 | 571 | 15 |
| 2013012 | 蒋小娟 | 女 | 2 | 601 | 9 |
| 2013013 | 沈书清 | 女 | 2 | 574 | 12 |
| 2013014 | 季曙明 | 男 | 1 | 638 | [redacted] |
| 2013015 | 丁薪 | 女 | 2 | 614 | [redacted] |
| 2013016 | 许丽华 | 女 | 1 | 574 | 12 |
| 2013001 | 何爱存 | 女 | 3 | 581 | 10 |
| 2013002 | 张琳 | 男 | 3 | 501 | 18 |
| 2013003 | 刘蒙 | 男 | 2 | 608 | 6 |
| 2013004 | 曹小亮 | 男 | 3 | 603 | 8 |
| 2013005 | 严玉梅 | 女 | 2 | 539 | 16 |
| 2013006 | 庄春华 | 男 | 3 | 524 | 17 |
| 2013007 | 王淑华 | 男 | 3 | 574 | 12 |
| 2013008 | 魏晨 | 男 | 3 | 607 | 7 |

**图 5 –4 –2 –19**

# 5.5　数据计算

## 知识点 5.5.1　使用 EXCEL 公式计算

**操作题 1.**（3 分，难度系数 0.9）

如图 5 –5 –1 –1 所示：

利用公式计算表中总分字段值。

总分 = 英文 + 字根 + 汉字 + 理论 + 文件操作 1 + 文件操作 2

| 班级 | 姓名 | 性别 | 英文 | 字根 | 汉字 | 理论 | 文件操作1 | 文件操作2 | 总分 |
|---|---|---|---|---|---|---|---|---|---|
| 会计1301班 | 潘静 | 女 | 10 | 10 | 13 | 29 | 15 | 10.5 | |
| 会计1301班 | 韩杰 | 男 | 10 | 0 | 12 | 16 | 0 | 0 | |
| 会计1301班 | 黄力翀 | 男 | 10 | 6 | 9 | 16 | 12 | 10.5 | |
| 会计1301班 | 王子君 | 女 | 10 | 10 | 12 | 26 | 12 | 13.5 | |
| 会计1301班 | 郭一骏 | 女 | 8 | 7 | 5 | 30 | 15 | 13.5 | |
| 会计1301班 | 余俊 | 女 | | | | | | | |
| 会计1301班 | 吴亦丹 | 女 | 7 | 5 | 20 | 29 | 15 | 15 | |
| 会计1301班 | 张楚怡 | 女 | 10 | 10 | 9 | 30 | 15 | 13.5 | |
| 会计1301班 | 陈诗莹 | 女 | 8 | 2 | 9 | 29 | 9 | 3 | |
| 会计1301班 | 王晓雯 | 女 | 10 | 3 | 17 | 13 | 12 | 13.5 | |
| 会计1301班 | 杨盼盼 | 女 | 9 | 5 | 12 | 17 | 9 | 1.5 | |
| 会计1301班 | 汪钰婷 | 女 | 10 | 10 | 20 | 30 | 15 | 15 | |
| 会计1301班 | 李佳锐 | 女 | 10 | 7 | 20 | 27 | 12 | 10.5 | |

**图 5 –5 –1 –1**

**参考答案：** 如图 5－5－1－2 所示。

| 班级 | 姓名 | 性别 | 英文 | 字根 | 汉字 | 理论 | 文件操作1 | 文件操作2 | 总分 |
|---|---|---|---|---|---|---|---|---|---|
| 会计1301班 | 潘静 | 女 | 10 | 10 | 13 | 29 | 15 | 10.5 | 88 |
| 会计1301班 | 韩杰 | 男 | 10 | 0 | 12 | 16 | 0 | 0 | 38 |
| 会计1301班 | 黄力翀 | 男 | 10 | 6 | 9 | 16 | 12 | 10.5 | 63 |
| 会计1301班 | 王子君 | 女 | 10 | 10 | 12 | 26 | 12 | 13.5 | 83 |
| 会计1301班 | 郭一骏 | 女 | 8 | 7 | 5 | 30 | 15 | 13.5 | 79 |
| 会计1301班 | 余俊 | 女 | | | | | | | 0 |
| 会计1301班 | 吴亦丹 | 女 | 7 | 5 | 20 | 29 | 15 | 15 | 91 |
| 会计1301班 | 张楚怡 | 女 | 10 | 10 | 9 | 30 | 15 | 13.5 | 88 |
| 会计1301班 | 陈诗莹 | 女 | 8 | 2 | 9 | 29 | 9 | 3 | 60 |
| 会计1301班 | 王晓雯 | 女 | 10 | 3 | 17 | 13 | 12 | 13.5 | 68 |
| 会计1301班 | 杨盼盼 | 女 | 9 | 5 | 12 | 17 | 9 | 1.5 | 54 |
| 会计1301班 | 汪钰婷 | 女 | 10 | 10 | 20 | 30 | 15 | 15 | 100 |
| 会计1301班 | 李佳锐 | 女 | 10 | 7 | 20 | 27 | 12 | 10.5 | 86 |

图 5－5－1－2

**操作题 2.** （3 分，难度系数 0.75）

如图 5－5－1－3 所示。

利用公式计算表中总分字段值。

总分＝英文＋字根＋汉字＊20％＋文件操作 1＋文件操作 2

| 姓名 | 性别 | 英文 | 字根 | 汉字 | 文件操作1 | 文件操作2 | 总分 |
|---|---|---|---|---|---|---|---|
| 潘静 | 女 | 10 | 10 | 130 | 15 | 10.5 | |
| 韩杰 | 男 | 10 | 0 | 129 | 0 | 0 | |
| 黄力翀 | 男 | 10 | 6 | 98 | 12 | 10.5 | |
| 王子君 | 女 | 10 | 10 | 127 | 12 | 13.5 | |
| 郭一骏 | 女 | 8 | 7 | 56 | 15 | 13.5 | |
| 吴亦丹 | 女 | 7 | 5 | 205 | 15 | 15 | |
| 张楚怡 | 女 | 10 | 10 | 94 | 15 | 13.5 | |
| 陈诗莹 | 女 | 8 | 2 | 94 | 9 | 3 | |
| 王晓雯 | 女 | 10 | 3 | 173 | 12 | 13.5 | |
| 杨盼盼 | 女 | 9 | 5 | 122 | 9 | 1.5 | |
| 汪钰婷 | 女 | 10 | 10 | 201 | 15 | 15 | |
| 李佳锐 | 女 | 10 | 7 | 201 | 12 | 10.5 | |

图 5－5－1－3

**参考答案：** 如图 5－5－1－4 所示。

| 姓名 | 性别 | 英文 | 字根 | 汉字 | 文件操作1 | 文件操作2 | 总分 |
|---|---|---|---|---|---|---|---|
| 潘静 | 女 | 10 | 10 | 130 | 15 | 10.5 | 71.5 |
| 韩杰 | 男 | 10 | 0 | 129 | 0 | 0 | 35.8 |
| 黄力翀 | 男 | 10 | 6 | 98 | 12 | 10.5 | 57.6 |
| 王子君 | 女 | 10 | 10 | 127 | 12 | 13.5 | 70.4 |
| 郭一骏 | 女 | 8 | 7 | 56 | 15 | 13.5 | 54.7 |
| 吴亦丹 | 女 | 7 | 5 | 205 | 15 | 15 | 83 |
| 张楚怡 | 女 | 10 | 10 | 94 | 15 | 13.5 | 67.3 |
| 陈诗莹 | 女 | 8 | 2 | 94 | 9 | 3 | 40.3 |
| 王晓雯 | 女 | 10 | 3 | 173 | 12 | 13.5 | 72.6 |
| 杨盼盼 | 女 | 9 | 5 | 122 | 9 | 1.5 | 48.9 |
| 汪钰婷 | 女 | 10 | 10 | 201 | 15 | 15 | 90.2 |
| 李佳锐 | 女 | 10 | 7 | 201 | 12 | 10.5 | 79.2 |

图 5－5－1－4

**操作题 3.** （3 分，难度系数 0.75）

如图 5－5－1－5 所示：

利用公式计算表中总分字段值。

总分＝英文＋字根＋（汉字－错字＊2）0%＋文件操作 1＋文件操作 2

| 班级 | 姓名 | 性别 | 英文 | 字根 | 汉字 | 错字 | 文件操作1 | 文件操作2 | 总分 |
|---|---|---|---|---|---|---|---|---|---|
| 会计1301班 | 潘静 | 女 | 10 | 10 | 130 | 29 | 15 | 10.5 | |
| 会计1301班 | 韩杰 | 男 | 10 | 0 | 129 | 16 | 0 | 0 | |
| 会计1301班 | 黄力翀 | 男 | 10 | 6 | 98 | 16 | 12 | 10.5 | |
| 会计1301班 | 王子君 | 女 | 10 | 10 | 127 | 26 | 12 | 13.5 | |
| 会计1301班 | 郭一骏 | 女 | 8 | 7 | 56 | 30 | 15 | 13.5 | |
| 会计1301班 | 余俊 | 女 | | | 205 | | | | |
| 会计1301班 | 吴亦丹 | 女 | 7 | 5 | 94 | 29 | 15 | 15 | |
| 会计1301班 | 张楚怡 | 女 | 10 | 10 | 94 | 30 | 15 | 13.5 | |
| 会计1301班 | 陈诗莹 | 女 | 8 | 2 | 173 | 29 | 9 | 3 | |
| 会计1301班 | 王晓雯 | 女 | 10 | 3 | 122 | 13 | 12 | 13.5 | |
| 会计1301班 | 杨盼盼 | 女 | 9 | 5 | 201 | 17 | 9 | 1.5 | |
| 会计1301班 | 汪钰婷 | 女 | 10 | 10 | 201 | 30 | 15 | 15 | |
| 会计1301班 | 李佳锐 | 女 | 10 | 7 | 201 | 27 | 12 | 10.5 | |

图 5－5－1－5

**参考答案：** 如图 5－5－1－6 所示。

| 班级 | 姓名 | 性别 | 英文 | 字根 | 汉字 | 错字 | 文件操作1 | 文件操作2 | 总分 |
|---|---|---|---|---|---|---|---|---|---|
| 会计1301班 | 潘静 | 女 | 10 | 10 | 130 | 29 | 15 | 10.5 | 66 |
| 会计1301班 | 韩杰 | 男 | 10 | 0 | 129 | 16 | 0 | 0 | 33 |
| 会计1301班 | 黄力翀 | 男 | 10 | 6 | 98 | 16 | 12 | 10.5 | 54 |
| 会计1301班 | 王子君 | 女 | 10 | 10 | 127 | 26 | 12 | 13.5 | 65 |
| 会计1301班 | 郭一骏 | 女 | 8 | 7 | 56 | 30 | 15 | 13.5 | 49 |
| 会计1301班 | 余俊 | 女 | | | 205 | | | | 41 |
| 会计1301班 | 吴亦丹 | 女 | 7 | 5 | 94 | 29 | 15 | 15 | 55 |
| 会计1301班 | 张楚怡 | 女 | 10 | 10 | 94 | 30 | 15 | 13.5 | 61 |
| 会计1301班 | 陈诗莹 | 女 | 8 | 2 | 173 | 29 | 9 | 3 | 50 |
| 会计1301班 | 王晓雯 | 女 | 10 | 3 | 122 | 13 | 12 | 13.5 | 60 |
| 会计1301班 | 杨盼盼 | 女 | 9 | 5 | 201 | 17 | 9 | 1.5 | 61 |
| 会计1301班 | 汪钰婷 | 女 | 10 | 10 | 201 | 30 | 15 | 15 | 84 |
| 会计1301班 | 李佳锐 | 女 | 10 | 7 | 201 | 27 | 12 | 10.5 | 74 |

图 5－5－1－6

## 知识点 5.5.2　使用 EXCEL 函数计算

**操作题 1.** （3 分，难度系数 0.9）

如图 5－5－2－1 所示：

用 AVERAGE 函数求出所有数据的平均值，并将计算结果保存在表格相应数据下方。

| 职员编号 | 部门名称 | 职员姓名 | 基本工资 | 浮动奖金 | 交通/通讯等补助 | 迟到/旷工等扣减 | 养老/医疗/失业保险 |
|---|---|---|---|---|---|---|---|
| C001 | 行销企划部 | 黄建强 | 2,500.00 | 1,290.00 | 150.00 | 0.00 | -80.36 |
| C002 | 行销企划部 | 司马项 | 2,200.00 | 990.00 | 0.00 | 0.00 | -80.36 |
| C003 | 人力资源部 | 黄平 | 2,350.00 | 2,780.00 | 150.00 | 0.00 | -81.90 |
| C004 | 系统集成部 | 贾申平 | 2,135.00 | 870.00 | 0.00 | 0.00 | -80.36 |
| C005 | 系统集成部 | 涂咏虞 | 3,135.00 | 3,480.00 | 0.00 | -30.00 | -80.36 |
| C006 | 系统集成部 | 俞志强 | 2,135.00 | 1,480.00 | 0.00 | -30.00 | -80.36 |
| C007 | 系统集成部 | 殷豫群 | 2,135.00 | 1,480.00 | 0.00 | -30.00 | -80.36 |
| C008 | 市场部 | 肖琪 | 1,200.00 | 2,010.00 | 300.00 | 0.00 | -80.36 |
| C009 | 网络安全部 | 苏武 | 2,225.00 | 1,850.00 | 0.00 | -45.00 | -80.36 |
| C010 | 技术服务部 | 张悦群 | 2,135.00 | 2,600.00 | 300.00 | 0.00 | -53.97 |
| C011 | 财务部 | 李巧 | 1,015.00 | 2,030.00 | 0.00 | 0.00 | -80.99 |
| C012 | 技术服务部 | 鲁帆 | 2,135.00 | 2,780.00 | 450.00 | 0.00 | -53.97 |
| C013 | 市场部 | 章戎 | 1,200.00 | 790.00 | 300.00 | -60.00 | -80.36 |
| C014 | 市场部 | 王晓燕 | 1,200.00 | 2,620.00 | 300.00 | 0.00 | -53.55 |
| C015 | 产品研发部 | 王海强 | 1,850.00 | 2,960.00 | 0.00 | -60.00 | -80.36 |
| C016 | 产品研发部 | 刘刚 | 1,850.00 | 3,100.00 | 0.00 | -60.00 | -80.36 |
| C017 | 产品研发部 | 张严 | 1,850.00 | 2,820.00 | 0.00 | -60.00 | -80.36 |
| C018 | 网络安全部 | 魏晓彤 | 2,225.00 | 950.00 | 0.00 | 0.00 | -80.36 |
| C019 | 产品研发部 | 吴开 | 1,850.00 | 2,890.00 | 0.00 | 0.00 | -80.36 |
| C020 | 财务部 | 刘思云 | 1,015.00 | 2,150.00 | 0.00 | 0.00 | -80.99 |
| C021 | 市场部 | 周良乐 | 1,500.00 | 6,500.00 | 500.00 | 0.00 | -53.97 |
| C022 | 系统集成部 | 薛利恒 | 2,135.00 | 3,420.00 | 0.00 | 0.00 | -80.36 |

图 5－5－2－1

**参考答案：**如图 5－5－2－2 所示。

| | | | | | | | |
|---|---|---|---|---|---|---|---|
| C027 | 产品研发部 | 刘泽安 | 1,850.00 | 3,030.00 | 0.00 | 0.00 | -80.36 |
| C028 | 市场部 | 刘会民 | 1,200.00 | 4,450.00 | 300.00 | 0.00 | -80.99 |
| C029 | 技术服务部 | 伊然 | 2,135.00 | 3,140.00 | 300.00 | 0.00 | -53.97 |
| C030 | 网络安全部 | 司徒春 | 2,225.00 | 2,150.00 | 0.00 | 0.00 | -80.36 |
| C031 | 产品研发部 | 黎辉 | 1,850.00 | 2,640.00 | 0.00 | 0.00 | -80.36 |
| C032 | 市场部 | 李爱晶 | 1,200.00 | 5,060.00 | 300.00 | 0.00 | -80.99 |
| C033 | 技术服务部 | 肖童童 | 2,135.00 | 3,320.00 | 300.00 | 0.00 | -53.97 |
| C034 | 系统集成部 | 钟幻 | 2,135.00 | 2,450.00 | 150.00 | 0.00 | -80.36 |
| C035 | 产品研发部 | 戴威 | 2,850.00 | 3,030.00 | 150.00 | 0.00 | -80.36 |
| C036 | 市场部 | 刘惠 | 1,200.00 | 3,840.00 | 300.00 | 0.00 | -80.99 |
| C037 | 网络安全部 | 魏晓 | 2,225.00 | 1,550.00 | 0.00 | 0.00 | -80.36 |
| C038 | 产品研发部 | 黄凯东 | 1,850.00 | 2,770.00 | 0.00 | 0.00 | -80.36 |
| C039 | 市场部 | 尹志刚 | 1,200.00 | 1,400.00 | 300.00 | 0.00 | -80.99 |
| C040 | 网络安全部 | 沈君毅 | 4,225.00 | 2,450.00 | 150.00 | 0.00 | -80.36 |
| C041 | 产品研发部 | 高志毅 | 1,850.00 | 2,900.00 | 0.00 | 0.00 | -80.36 |
| C042 | 市场部 | 潘跃 | 1,200.00 | 3,230.00 | 300.00 | 0.00 | -80.99 |
| C043 | 系统集成部 | 叶辉 | 2,135.00 | 2,450.00 | 0.00 | 0.00 | -80.36 |
| C044 | 产品研发部 | 张月 | 1,850.00 | 2,750.00 | 0.00 | 0.00 | -80.36 |
| C045 | 网络安全部 | 章中承 | 2,225.00 | 650.00 | 0.00 | 0.00 | -80.36 |
| C046 | 网络安全部 | 魏晓 | 2,225.00 | 1,250.00 | 0.00 | 0.00 | -80.36 |
| C047 | 技术服务部 | 张志强 | 2,135.00 | 3,500.00 | 300.00 | 0.00 | -53.97 |
| C048 | 市场部 | 侯跃飞 | 1,200.00 | 4,030.00 | 300.00 | 0.00 | -80.99 |
| C049 | 人力资源部 | 章燕 | 1,350.00 | 680.00 | 0.00 | 0.00 | -53.97 |
| 平均值 | | | 1,929.80 | 2,598.57 | 123.47 | -7.65 | -75.65 |

图 5－5－2－2

**操作题 2.** （3 分，难度系数 0.9）

如图 5－5－2－3 所示。

利用 AVERAGE 函数计算每门课的平均成绩，计算结果放在最后一行。

| 综合考试成绩 | | | |
|---|---|---|---|
| 姓名 | 数学 | 物理 | 化学 |
| 张伟 | 65 | 51 | 67 |
| 李月玫 | 72 | 82 | 85 |
| 陈小狗 | 74 | 68 | 51 |
| 王大刚 | 78 | 81 | 73 |
| 何进 | 66 | 93 | 82 |
| 朱宇强 | 78 | 60 | 73 |
| 张长荣 | 82 | 59 | 88 |
| 沈丽 | 59 | 60 | 68 |
| 冯志林 | 73 | 77 | 78 |
| 周文萍 | 61 | 92 | 89 |
| 徐君秀 | 85 | 78 | 72 |
| 陈云竹 | 67 | 42 | 65 |
| 高宝根 | 69 | 58 | 79 |
| 金亦坚 | 79 | 63 | 69 |
| 白雪 | 68 | 57 | 59 |
| 毛阿敏 | 73 | 81 | 78 |
| 陈水君 | 51 | 42 | 74 |
| 陈弦 | 82 | 99 | 66 |
| 平均成绩 | | | |

**图 5－5－2－3**

**参考答案：** 如图 5－5－2－4 所示。

| 综合考试成绩 | | | |
|---|---|---|---|
| 姓名 | 数学 | 物理 | 化学 |
| 张伟 | 65 | 51 | 67 |
| 李月玫 | 72 | 82 | 85 |
| 陈小狗 | 74 | 68 | 51 |
| 王大刚 | 78 | 81 | 73 |
| 何进 | 66 | 93 | 82 |
| 朱宇强 | 78 | 60 | 73 |
| 张长荣 | 82 | 59 | 88 |
| 沈丽 | 59 | 60 | 68 |
| 冯志林 | 73 | 77 | 78 |
| 周文萍 | 61 | 92 | 89 |
| 徐君秀 | 85 | 78 | 72 |
| 陈云竹 | 67 | 42 | 65 |
| 高宝根 | 69 | 58 | 79 |
| 金亦坚 | 79 | 63 | 69 |
| 白雪 | 68 | 57 | 59 |
| 毛阿敏 | 73 | 81 | 78 |
| 陈水君 | 51 | 42 | 74 |
| 陈弦 | 82 | 99 | 66 |
| 平均成绩 | 71.22 | 69.06 | 73.11 |

**图 5－5－2－4**

**操作题 3.** （3 分，难度系数 0. 9）

如图 5 –5 –2 –5 所示。

利用函数求出各学科的学科平均分。

| 学号 | 姓名 | 数学 | 物理 | 化学 | 英语 | 语文 | 平均分 |
|---|---|---|---|---|---|---|---|
| 200601 | 王梅 | 88 | 98 | 82 | 85 | 89 | |
| 200602 | 张平光 | 100 | 98 | 100 | 97 | 100 | |
| 200603 | 郭建峰 | 97 | 94 | 89 | 90 | 90 | |
| 200604 | 张宇 | 86 | 76 | 98 | 96 | 80 | |
| 200605 | 徐飞 | 85 | 68 | 79 | 74 | 81 | |
| 200606 | 王伟 | 95 | 89 | 93 | 87 | 86 | |
| 200607 | 沈迪 | 87 | 75 | 78 | 96 | 68 | |
| 200608 | 曾国芸 | 94 | 84 | 98 | 89 | 94 | |
| 200609 | 罗劲松 | 78 | 77 | 69 | 80 | 78 | |
| 200610 | 赵国辉 | 80 | 69 | 76 | 79 | 80 | |

**图 5 –5 –2 –5**

**参考答案：** 如图 5 –5 –2 –6 所示。

| 学号 | 姓名 | 数学 | 物理 | 化学 | 英语 | 语文 | 平均分 |
|---|---|---|---|---|---|---|---|
| 200601 | 王梅 | 88 | 98 | 82 | 85 | 89 | 88.4 |
| 200602 | 张平光 | 100 | 98 | 100 | 97 | 100 | 99 |
| 200603 | 郭建峰 | 97 | 94 | 89 | 90 | 90 | 92 |
| 200604 | 张宇 | 86 | 76 | 98 | 96 | 80 | 87.2 |
| 200605 | 徐飞 | 85 | 68 | 79 | 74 | 81 | 77.4 |
| 200606 | 王伟 | 95 | 89 | 93 | 87 | 86 | 90 |
| 200607 | 沈迪 | 87 | 75 | 78 | 96 | 68 | 80.8 |
| 200608 | 曾国芸 | 94 | 84 | 98 | 89 | 94 | 91.8 |
| 200609 | 罗劲松 | 78 | 77 | 69 | 80 | 78 | 76.4 |
| 200610 | 赵国辉 | 80 | 69 | 76 | 79 | 80 | 76.8 |

**图 5 –5 –2 –6**

**操作题 4.** （3 分，难度系数 0. 9）

如图 5 –5 –2 –7 所示。

用 COUNT 函数计算出每门课参加考试的人数。

| 姓名 | 语文 | 数学 | 英语 | 总分 |
| --- | --- | --- | --- | --- |
| 曹宏毅 | 69 | 60 | 73 | 202 |
| 周辉毅 | | 94 | 70 | 164 |
| 赵健 | 90 | 69 | 60 | 219 |
| 何展华 | 54 | 60 | 100 | 214 |
| 蒋志宏 | 85 | | 86 | 171 |
| 郑娟筱 | 100 | 73 | 78 | 251 |
| 施香妙 | 82 | 64 | 67 | 213 |
| 陈霞芳 | | 83 | 81 | 164 |
| 郑雯虹 | 91 | 57 | 80 | 228 |
| 陈红华 | 97 | 81 | 74 | 252 |
| 周华生 | 82 | 59 | 72 | 213 |
| 尤毅辉 | 80 | 51 | 54 | 185 |
| 孙德毅 | 90 | 57 | 55 | 202 |
| 张健坚 | 77 | 55 | 71 | 203 |
| 赵军展 | 80 | 88 | 75 | 243 |
| | | | | |
| 参加人数 | | | | |

图 5 –5 –2 –7

**参考答案：**如图 5 –5 –2 –8 所示。

| 姓名 | 语文 | 数学 | 英语 | 总分 |
| --- | --- | --- | --- | --- |
| 曹宏毅 | 69 | 60 | 73 | 202 |
| 周辉毅 | | 94 | 70 | 164 |
| 赵健 | 90 | 69 | 60 | 219 |
| 何展华 | 54 | 60 | 100 | 214 |
| 蒋志宏 | 85 | | 86 | 171 |
| 郑娟筱 | 100 | 73 | 78 | 251 |
| 施香妙 | 82 | 64 | 67 | 213 |
| 陈霞芳 | | 83 | 81 | 164 |
| 郑雯虹 | 91 | 57 | 80 | 228 |
| 陈红华 | 97 | 81 | 74 | 252 |
| 周华生 | 82 | 59 | 72 | 213 |
| 尤毅辉 | 80 | 51 | 54 | 185 |
| 孙德毅 | 90 | 57 | 55 | 202 |
| 张健坚 | 77 | 55 | 71 | 203 |
| 赵军展 | 80 | 88 | 75 | 243 |
| | | | | |
| 参加人数 | 13 | 14 | 15 | 15 |

图 5 –5 –2 –8

**操作题 5.** （3 分，难度系数 0.9）

如图 5 –5 –2 –9 所示。

在指定单元格用 COUNT 函数计算出本班的人数。

| 班级 | 姓名 | 作业 | 期末考试 | | | |
|---|---|---|---|---|---|---|
| 会计1班 | 周艺 | 78 | 90 | | | |
| 会计1班 | 李一进 | 54 | 80 | | | |
| 会计1班 | 张晓晶 | 65 | 86 | | | |
| 会计1班 | 刘治钧 | 47 | 88 | | | |
| 会计1班 | 梁世晨 | 96 | 97 | | | |
| 会计1班 | 王凡 | 92 | 74 | | | |
| 会计1班 | 苏亮 | 55 | 54 | | | |
| 会计1班 | 柳珊珊 | 67 | 83 | | | |
| 会计1班 | 钱林 | 65 | 85 | | 总人数 | |
| 会计1班 | 王铁柱 | 67 | 83 | | | |
| 会计1班 | 刘丽华 | 77 | 81 | | | |
| 会计1班 | 杨海林 | 86 | 78 | | | |
| 会计1班 | 方成英 | 96 | 83 | | | |
| 会计1班 | 徐平 | 59 | 85 | | | |
| 会计1班 | 王新美 | 72 | 96 | | | |
| 会计1班 | 张立功 | 67 | 61 | | | |
| 会计1班 | 黄东海 | 79 | 95 | | | |
| 会计1班 | 阳盼 | 60 | 51 | | | |
| 会计1班 | 陈丽萍 | 77 | 84 | | | |
| 会计1班 | 詹修兰 | 82 | 55 | | | |
| 会计1班 | 李召 | 52 | 68 | | | |
| 会计1班 | 雷 丽 | 83 | 88 | | | |
| 会计1班 | 杨虎 | 68 | 86 | | | |

**图 5－5－2－9**

**参考答案：**如图 5－5－2－10 所示。

| 班级 | 姓名 | 作业 | 期末考试 | | | |
|---|---|---|---|---|---|---|
| 会计1班 | 周艺 | 78 | 90 | | | |
| 会计1班 | 李一进 | 54 | 80 | | | |
| 会计1班 | 张晓晶 | 65 | 86 | | | |
| 会计1班 | 刘治钧 | 47 | 88 | | | |
| 会计1班 | 梁世晨 | 96 | 97 | | | |
| 会计1班 | 王凡 | 92 | 74 | | | |
| 会计1班 | 苏亮 | 55 | 54 | | | |
| 会计1班 | 柳珊珊 | 67 | 83 | | | |
| 会计1班 | 钱林 | 65 | 85 | | 总人数 | 28 |
| 会计1班 | 王铁柱 | 67 | 83 | | | |
| 会计1班 | 刘丽华 | 77 | 81 | | | |
| 会计1班 | 杨海林 | 86 | 78 | | | |
| 会计1班 | 方成英 | 96 | 83 | | | |
| 会计1班 | 徐平 | 59 | 85 | | | |
| 会计1班 | 王新美 | 72 | 96 | | | |
| 会计1班 | 张立功 | 67 | 61 | | | |
| 会计1班 | 黄东海 | 79 | 95 | | | |
| 会计1班 | 阳盼 | 60 | 51 | | | |

**图 5－5－2－10**

**操作题 6.**（3 分，难度系数 0.9）

如图 5－5－2－11 所示。

用 COUNT 函数计算出纳税单位的总数，并放在 K234 单元格内。

| 税务所 | 税管员 | 社保号 | 税种 | 预算级次 | 税款属性 | 开票金额 |
|---|---|---|---|---|---|---|
| 江岸西马所 | 丁意 | 7007765 | 失业保险费 | 市级100% | 正常一般 | 32 |
| 江岸西马所 | 丁意 | 8000221 | 医疗保险费 | 市级100% | 正常一般 | 752.23 |
| 江岸四唯所 | 阮锦 | 4701075 | 养老保险费 | 市级100% | 正常一般 | 387 |
| 江岸四唯所 | 阮锦 | 4701075 | 失业保险费 | 市级100% | 正常一般 | 103.5 |
| 江岸西马所 | 石跃生 | 4700479 | 养老保险费 | 市级100% | 正常一般 | 1,507.00 |
| 江岸一所 | 韩正华 | 6600043 | 养老保险费 | 市级100% | 正常一般 | 4,758.90 |
| 江岸一所 | 韩正华 | 6600043 | 失业保险费 | 市级100% | 正常一般 | 526.1 |
| 江岸一所 | 韩正华 | 6600043 | 医疗保险费 | 市级100% | 正常一般 | 1,323.67 |
| 江岸四唯所 | 肖耀明 | 4500294 | 养老保险费 | 市级100% | 正常一般 | 5,855.00 |
| 江岸四唯所 | 肖耀明 | 4500294 | 医疗保险费 | 市级100% | 正常一般 | 2,245.38 |
| 江岸花桥所 | 叶宝钢 | 4700607 | 养老保险费 | 市级100% | 正常一般 | 1,025.60 |
| 江岸大智所 | 张东川 | 1760001 | 养老保险费 | 市级100% | 正常一般 | 2,404.80 |
| 江岸大智所 | 张东川 | 1760001 | 医疗保险费 | 市级100% | 正常一般 | 1,527.90 |
| 江岸四唯所 | 纪勇 | 1761023 | 养老保险费 | 市级100% | 正常一般 | 2,383.60 |

图 5－5－2－11

**操作题 7.** （5 分，难度系数 0.75）

如图 5－5－2－12 所示。

用 COUNTIF 函数统计各部门员工人数。

2010年单位员工工资明细表

| 员工号 | 月份 | 姓名 | 部门 | 基本工资 | 住房补贴 | 奖金 | 应发工资 | 保险扣款 | 其他扣款 | 实发工资 |
|---|---|---|---|---|---|---|---|---|---|---|
| 1 | 2010年8月 | 李元锴 | 企划 | 800 | 300 | 100 | 1200 | 76 | 80 | 1044.00 |
| 2 | 2010年8月 | 孙春红 | 销售 | 600 | 300 | 200 | 1100 | 57 | 60 | 983.00 |
| 3 | 2010年8月 | 王娜 | 销售 | 600 | 200 | 300 | 1100 | 57 | 50 | 993.00 |
| 4 | 2010年8月 | 陈碧佳 | 设计 | 600 | 220 | 250 | 1070 | 57 | 60 | 953.00 |
| 5 | 2010年8月 | 周建平 | 销售 | 650 | 200 | 200 | 1050 | 61.75 | 30 | 958.25 |
| 6 | 2010年8月 | 李青青 | 企划 | 800 | 220 | 300 | 1320 | 76 | 60 | 1184.00 |
| 7 | 2010年8月 | 张亦非 | 生产 | 750 | 180 | 200 | 1130 | 71.25 | 60 | 998.75 |
| 8 | 2010年8月 | 李晓萌 | 生产 | 600 | 220 | 150 | 970 | 57 | 60 | 853.00 |
| 9 | 2010年8月 | 周琳琳 | 生产 | 700 | 300 | 200 | 1200 | 66.5 | 80 | 1053.50 |
| 10 | 2010年8月 | 王明浩 | 销售 | 600 | 200 | 200 | 1000 | 57 | 60 | 883.00 |
| 11 | 2010年8月 | 刘超 | 设计 | 600 | 220 | 150 | 970 | 57 | 60 | 853.00 |
| 12 | 2010年8月 | 李靖松 | 企划 | 550 | 300 | 200 | 1050 | 52.25 | 20 | 977.75 |
| 13 | 2010年8月 | 魏宏明 | 设计 | 600 | 200 | 200 | 1000 | 57 | 60 | 883.00 |
| 14 | 2010年8月 | 刘洋洋 | 设计 | 500 | 220 | 180 | 900 | 47.5 | 70 | 782.50 |
| 15 | 2010年8月 | 赵人杰 | 设计 | 900 | 300 | 200 | 1400 | 85.5 | 60 | 1254.50 |

图 5－5－2－12

**参考答案：**如图 5－5－2－13 所示。

| 部门 | 人员数 |
|---|---|
| 企划 | 3 |
| 销售 | 4 |
| 生产 | 3 |
| 设计 | 5 |

图 5－5－2－13

**操作题 8.** （10 分，难度系数 0.75）

如图 5－5－2－14 所示。

1. 统计销售产品 E 列区域中以“电视”结尾的商品数量。
2. 统计销售人员 D 列区域中姓“王”的 3 个字姓名的人员数量。

| 序号 | 购买日期 | 销售ID | 销售人员 | 产品 | 金额 |
|---|---|---|---|---|---|
| 1 | 2010/5/13 | SN01001 | 李贺明 | 格力空调 | 1,700.00 |
| 2 | 2010/5/14 | SN01002 | 王海峰 | 格力空调 | 6,300.00 |
| 3 | 2010/5/21 | SN01003 | 李旭 | 格力空调 | 5,100.00 |
| 4 | 2010/5/13 | SN01003 | 李旭 | 海信液晶电视 | 13,800.00 |
| 5 | 2010/5/15 | SN01005 | 王乐 | 海信液晶电视 | 14,800.00 |
| 6 | 2010/5/17 | SN01004 | 王思忆 | 康佳液晶电视 | 16,300.00 |
| 7 | 2010/5/23 | SN01006 | 蔡志 | 康佳液晶电视 | 11,800.00 |
| 8 | 2010/5/13 | SN01004 | 王思忆 | 海尔冰箱 | 7,400.00 |
| 9 | 2010/5/18 | SN01002 | 张峰 | 海尔冰箱 | 3,700.00 |
| 10 | 2010/5/24 | SN01001 | 李贺明 | 海尔冰箱 | 2,600.00 |

图 5－5－2－14

**参考答案：**如图 5－5－2－15 所示。

| 统计数据 | |
|---|---|
| “电视”数量 | 4 |
| “王??”数量 | 3 |

图 5－5－2－15

**操作题 9.**（15 分，难度系数 0.6）

如图 5－5－2－16 所示：

（1）请统计以“公司”结尾的企业数量。

（2）请统计姓“李”的 3 个字姓名的员工数。

（3）请统计包含字符串“Excel”的记录数。

（4）请统计“excel”在前，“home”在后的记录数。

| 单位 | 姓名 | 其他 |
|---|---|---|
| 微软（中国）有限公司 | 李世杰 | Excel问题 |
| 摩托罗拉（中国）公司 | 刘可卿 | Motorola客户资源组 |
| ExcelHome技术论坛 | 李慧 | I love excel home |
| 三星电子有很公司 | 张天宇 | 三星电子 |
| 腾讯公司 | 雷霆 | 腾讯QQ |
| | | |
| 以“公司”结尾的企业数量 | | |
| 姓“李”的3个字姓名的员工数 | | |
| 包含字符串“Excel”的记录数 | | |
| ”在前，“home”在后的记录数 | | |

图 5－5－2－16

**参考答案：**如图 5－5－2－17 所示。

| 单位 | 姓名 | 其他 |
|---|---|---|
| 微软（中国）有限公司 | 李世杰 | Excel问题 |
| 摩托罗拉（中国）公司 | 刘可卿 | Motorola客户资源组 |
| ExcelHome技术论坛 | 李慧 | I love excel home |
| 三星电子有很公司 | 张天宇 | 三星电子 |
| 腾讯公司 | 雷霆 | 腾讯QQ |
| | | |
| 以“公司”结尾的企业数量 | | 4 |
| 姓“李”的3个字姓名的员工数 | | 1 |
| 在整个表格中统计包含字符串“Excel”的记录数 | | 3 |
| 在整个表格中统计“excel”在前，“home”在后的记录数 | | 2 |

**图 5－5－2－17**

**操作题 10.**（8 分，难度系数 0.75）

如图 5－5－2－18 所示。

判断这位考生是否及格，若总评大于等于 60 分，总评为“合格”，否则为“不合格”。

| 英语考试成绩表 | | | | |
|---|---|---|---|---|
| 考号 | 口试 | 笔试 | 总评 | 及格与否 |
| 1001001 | 96 | 81 | 90 | |
| 1001002 | 84 | 63 | 75.6 | |
| 1001003 | 92 | 91 | 91.6 | |
| 1001004 | 85 | 77 | 81.8 | |
| 1001005 | 58 | 80 | 66.8 | |
| 1001006 | 75 | 56 | 67.4 | |
| 1001007 | 81 | 99 | 88.2 | |
| 1001008 | 70 | 99 | 81.6 | |
| 1001009 | 57 | 63 | 59.4 | |

**图 5－5－2－18**

**参考答案：**如图 5－5－2－19 所示。

| 英语考试成绩表 | | | | |
|---|---|---|---|---|
| 考号 | 口试 | 笔试 | 总评 | 及格与否 |
| 1001001 | 96 | 81 | 90 | 合格 |
| 1001002 | 84 | 63 | 75.6 | 合格 |
| 1001003 | 92 | 91 | 91.6 | 合格 |
| 1001004 | 85 | 77 | 81.8 | 合格 |
| 1001005 | 58 | 80 | 66.8 | 合格 |
| 1001006 | 75 | 56 | 67.4 | 合格 |
| 1001007 | 81 | 99 | 88.2 | 合格 |
| 1001008 | 70 | 99 | 81.6 | 合格 |
| 1001009 | 57 | 63 | 59.4 | 不合格 |

**图 5－5－2－19**

**操作题 11.**（8 分，难度系数 0.75）

如图 5－5－2－20 所示。

根据以下规则，使用IF函数计算每个学生的综合评定。

规则：以平均分作为评定依据，60分（含）以上为“及格”，60分以下为“不及格”。

| 姓名 | 数学 | 英语 | 物理 | 语文 | 化学 | 政治 | 平均分 | 综合评定 |
|---|---|---|---|---|---|---|---|---|
| 程香宙 | 80 | 75 | 85 | 62 | 75 | 46 | 70.5 | |
| 刘冰 | 50 | 55 | 65 | 66 | 51 | 78 | 60.8 | |
| 程龙 | 60 | 70 | 50 | 81 | 52 | 77 | 65.0 | |
| 程香峰 | 90 | 85 | 95 | 53 | 45 | 53 | 70.2 | |
| 程坤 | 87 | 65 | 92 | 71 | 55 | 60 | 71.7 | |
| 张凤玲 | 50 | 58 | 60 | 59 | 70 | 62 | 59.8 | |
| 杨建新 | 77 | 90 | 80 | 58 | 91 | 49 | 74.2 | |
| 刘晓 | 80 | 70 | 60 | 92 | 84 | 79 | 77.5 | |
| 王康 | 58 | 76 | 67 | 92 | 80 | 63 | 72.7 | |
| 李帅 | 45 | 20 | 76 | 85 | 61 | 46 | 55.5 | |

图5－5－2－20

**参考答案**：如图5－5－2－21所示。

| 姓名 | 数学 | 英语 | 物理 | 语文 | 化学 | 政治 | 平均分 | 综合评定 |
|---|---|---|---|---|---|---|---|---|
| 程香宙 | 80 | 75 | 85 | 62 | 75 | 46 | 70.5 | 及格 |
| 刘冰 | 50 | 55 | 65 | 66 | 51 | 78 | 60.8 | 及格 |
| 程龙 | 60 | 70 | 50 | 81 | 52 | 77 | 65.0 | 及格 |
| 程香峰 | 90 | 85 | 95 | 53 | 45 | 53 | 70.2 | 及格 |
| 程坤 | 87 | 65 | 92 | 71 | 55 | 60 | 71.7 | 及格 |
| 张凤玲 | 50 | 58 | 60 | 59 | 70 | 62 | 59.8 | 不及格 |
| 杨建新 | 77 | 90 | 80 | 58 | 91 | 49 | 74.2 | 及格 |
| 刘晓 | 80 | 70 | 60 | 92 | 84 | 79 | 77.5 | 及格 |
| 王康 | 58 | 76 | 67 | 92 | 80 | 63 | 72.7 | 及格 |
| 李帅 | 45 | 20 | 76 | 85 | 61 | 46 | 55.5 | 不及格 |

图5－5－2－21

**操作题12.**（10分，难度系数0.75）

如图5－5－2－22所示。

这是某大学某专业研究生考试成绩表，现在该专业准备录取60名研究生，请你：当考生总分超过录取分数线时，在录取否列填入“录取”，未录取不填。

| ××大学××专业研究生考试成绩表 | | | | | | | |
|---|---|---|---|---|---|---|---|
| 序号 | 准考证号码 | 总分 | 成绩 | | | | 录取否 |
| | | | 政治 | 外语 | 专业课 | 面试 | |
| 1 | 106569010102001 | 192.6 | 38 | 17 | 104 | 112 | |
| 2 | 106569010102002 | 96.8 | 35 | 17 | 34 | 36 | |
| 3 | 106569010102003 | 0 | 0 | 0 | 0 | 0 | |
| 4 | 106569010102004 | 0 | 0 | 0 | 0 | 0 | |
| 5 | 106569010102005 | 184.3 | 44 | 20 | 105 | 51 | |
| 6 | 106569010102006 | 0 | 0 | 0 | 0 | 0 | |
| 7 | 106569010102007 | 0 | 0 | 0 | 0 | 0 | |
| 8 | 106569010102008 | 275.4 | 50 | 75 | 112 | 128 | |

图5－5－2－22

**参考答案：** 如图 5－5－2－23 所示。

| ××大学××专业研究生考试成绩表 | | | | | | | |
|---|---|---|---|---|---|---|---|
| 序号 | 准考证号码 | 总分 | 成绩 | | | | 录取否 |
| | | | 政治 | 外语 | 专业课 | 面试 | |
| 1 | 106569010102001 | 192.6 | 38 | 17 | 104 | 112 | |
| 2 | 106569010102002 | 96.8 | 35 | 17 | 34 | 36 | |
| 3 | 106569010102003 | 0 | 0 | 0 | 0 | 0 | |
| 4 | 106569010102004 | 0 | 0 | 0 | 0 | 0 | |
| 5 | 106569010102005 | 184.3 | 44 | 20 | 105 | 51 | |
| 6 | 106569010102006 | 0 | 0 | 0 | 0 | 0 | |
| 7 | 106569010102007 | 0 | 0 | 0 | 0 | 0 | |
| 8 | 106569010102008 | 275.4 | 50 | 75 | 112 | 128 | |

图 5－5－2－23

**操作题 13.**（5 分，难度系数 0.9）

如图 5－5－2－24 所示：

（1）计算核定工资总额的最高工资。

（2）计算合计应发的最高工资。

| 职员编号 | 部门名称 | 职员姓名 | 基本工资 | 浮动奖金 | 核定工资总额 | 交通/通讯等补助 | 迟到/旷工等扣减 | 养老/医疗/失业保险 | 合计应发 |
|---|---|---|---|---|---|---|---|---|---|
| C001 | 行销企划部 | 黄建强 | 2500 | 1290 | 3790 | 150 | 0 | -80.36 | 3859.64 |
| C002 | 行销企划部 | 司马项 | 2200 | 990 | 3190 | 0 | 0 | -80.36 | 3109.64 |
| C003 | 人力资源部 | 黄平 | 2350 | 2780 | 5130 | 150 | 0 | -81.9 | 5198.1 |
| C004 | 系统集成部 | 贾申平 | 2135 | 870 | 3005 | 0 | 0 | -80.36 | 2924.64 |
| C005 | 系统集成部 | 涂咏虞 | 3135 | 3480 | 6615 | 0 | -30 | -80.36 | 6504.64 |
| C006 | 系统集成部 | 俞志强 | 2135 | 1480 | 3615 | 0 | -30 | -80.36 | 3504.64 |
| C007 | 系统集成部 | 殷豫群 | 2135 | 1480 | 3615 | 0 | -30 | -80.36 | 3504.64 |
| C008 | 市场部 | 肖琪 | 1200 | 2010 | 3210 | 300 | 0 | -80.36 | 3429.64 |
| C009 | 网络安全部 | 苏武 | 2225 | 1850 | 4075 | 0 | -45 | -80.36 | 3949.64 |
| C010 | 技术服务部 | 张悦群 | 2135 | 2600 | 4735 | 300 | 0 | -53.97 | 4981.03 |

图 5－5－2－24

**参考答案：** 如图 5－5－2－25 所示。

| 核定工资总额 | |
|---|---|
| 最高工资 | 8000 |
| | |
| 合计应发 | |
| 最高工资 | 8446.03 |

图 5－5－2－25

**操作题 14.**（3 分，难度系数 0.9）

如图 5－5－2－26 所示。

计算各门课的最高成绩。

| 学生成绩登记表 | | | | |
|---|---|---|---|---|
| 姓名 | 数学 | 英语 | 语文 | 物理 |
| 霍倜仁 | 89 | 66 | 66 | 88 |
| 李挚邦 | 65 | 71 | 80 | 64 |
| 周胄 | 72 | 73 | 82 | 64 |
| 赵安顺 | 66 | 66 | 91 | 84 |
| 钱铭 | 82 | 66 | 70 | 81 |
| 孙颐 | 81 | 64 | 61 | 81 |
| 李利 | 85 | 77 | 51 | 67 |
| 王罡 | 99 | 91 | 91 | 88 |
| 东方翼 | 50 | 61 | 70 | 63 |
| 南宫擎 | 58 | 51 | 61 | 42 |
| 西门帅杰 | 78 | 89 | 95 | 73 |
| 金益彤 | 82 | 71 | 85 | 74 |
| 周明智 | 66 | 76 | 68 | 81 |

**图 5－5－2－26**

**参考答案：** = max（）

**操作题 15.**（3 分，难度系数 0.9）

如图 5－5－2－27 所示。

根据图 5－5－2－27 数据求出每个分店 7 月、8 月、9 月的最高销售量。

| | 1分店 | 2分店 | 3分店 | 4分店 |
|---|---|---|---|---|
| 7月销售量 | 810 | 720 | 780 | 770 |
| 8月销售量 | 930 | 880 | 920 | 910 |
| 9月销售量 | 1080 | 1320 | 1170 | 1190 |
| | | | | |
| 最高销售量： | | | | |

**图 5－5－2－27**

**参考答案：** = max（）

**操作题 16.**（3 分，难度系数 0.9）

如图 5－5－2－28 所示：

（1）计算核定工资总额的最低工资。

（2）计算合计应发的最低工资。

| 职员编号 | 部门名称 | 职员姓名 | 基本工资 | 浮动奖金 | 核定工资总额 | 交通/通讯等补助 | 迟到/旷工等扣减 | 养老/医疗/失业保险 | 合计应发 |
|---|---|---|---|---|---|---|---|---|---|
| C001 | 行销企划部 | 黄建强 | 2500 | 1290 | 3790 | 150 | 0 | -80.36 | 3859.64 |
| C002 | 行销企划部 | 司马项 | 2200 | 990 | 3190 | 0 | 0 | -80.36 | 3109.64 |
| C003 | 人力资源部 | 黄平 | 2350 | 2780 | 5130 | 150 | 0 | -81.9 | 5198.1 |
| C004 | 系统集成部 | 贾申平 | 2135 | 870 | 3005 | 0 | 0 | -80.36 | 2924.64 |
| C005 | 系统集成部 | 涂咏虞 | 3135 | 3480 | 6615 | 0 | -30 | -80.36 | 6504.64 |
| C006 | 系统集成部 | 俞志强 | 2135 | 1480 | 3615 | 0 | -30 | -80.36 | 3504.64 |
| C007 | 系统集成部 | 殷豫群 | 2135 | 1480 | 3615 | 0 | -30 | -80.36 | 3504.64 |
| C008 | 市场部 | 肖琪 | 1200 | 2010 | 3210 | 300 | 0 | -80.36 | 3429.64 |
| C009 | 网络安全部 | 苏武 | 2225 | 1850 | 4075 | 0 | -45 | -80.36 | 3949.64 |
| C010 | 技术服务部 | 张悦群 | 2135 | 2600 | 4735 | 300 | 0 | -53.97 | 4981.03 |
| C011 | 财务部 | 李巧 | 1015 | 2030 | 3045 | 0 | 0 | -80.99 | 2964.01 |

**图 5－5－2－28**

**参考答案：** ＝min（）

**操作题 17.**（3 分，难度系数 0.9）

如图 5－5－2－29 所示。

计算各门课的最低成绩。

学生成绩登记表

| 姓名 | 数学 | 英语 | 语文 | 物理 |
|---|---|---|---|---|
| 霍倜仁 | 89 | 66 | 66 | 88 |
| 李挚邦 | 65 | 71 | 80 | 64 |
| 周胄 | 72 | 73 | 82 | 64 |
| 赵安顺 | 66 | 66 | 91 | 84 |
| 钱铭 | 82 | 66 | 70 | 81 |
| 孙颐 | 81 | 64 | 61 | 81 |
| 李利 | 85 | 77 | 51 | 67 |
| 王罡 | 99 | 91 | 91 | 88 |
| 东方翼 | 50 | 61 | 70 | 63 |
| 南宫擎 | 58 | 51 | 61 | 42 |

**图 5－5－2－29**

**参考答案：** ＝min（）

**操作题 18.**（3 分，难度系数 0.9）

如图 5－5－2－30 所示。

根据上表数据求出每个分店 7 月、8 月、9 月的最低销售量。

| | A | B | C | D | E |
|---|---|---|---|---|---|
| 1 | | 1分店 | 2分店 | 3分店 | 4分店 |
| 2 | 7月销售量 | 810 | 720 | 780 | 770 |
| 3 | 8月销售量 | 930 | 880 | 920 | 910 |
| 4 | 9月销售量 | 1080 | 1320 | 1170 | 1190 |
| 5 | | | | | |
| 6 | 最低销售量： | | | | |

**图 5－5－2－30**

**参考答案：** = min（）

**操作题 19.**（5 分，难度系数 0.75）

如图 5 –5 –2 –31 所示。

根据各参赛选手的比分进行排名。

| 第3届保龄球比赛情况表 | | | | | |
|---|---|---|---|---|---|
| 道次 | 部门 | 选手姓名 | 性别 | 比赛成绩 | 美式排名 |
| A1 | 企划部 | 徐定淳 | 男 | 125 | |
| A2 | 生产部 | 雷豪 | 男 | 128 | |
| B1 | 销售部 | 蔡文 | 男 | 124 | |
| B2 | 管理部 | 潘斌 | 男 | 110 | |
| C1 | 生产部 | 胡婷 | 女 | 125 | |
| C2 | 销售部 | 陈瑶 | 女 | 121 | |
| D1 | 企划部 | 曹高成 | 男 | 123 | |
| D2 | 管理部 | 徐昊 | 男 | 131 | |
| E1 | 生产部 | 陈盈 | 女 | 112 | |
| E2 | 管理部 | 林敏 | 女 | 109 | |

**图 5 –5 –2 –31**

**参考答案：** = rank（）

**操作题 20.**（5 分，难度系数 0.75）

如图 5 –5 –2 –32 所示。

根据本班成绩进行从高至低排名。

| | A | B | C | D | E | F |
|---|---|---|---|---|---|---|
| 1 | 考试成绩汇总表 | | | | | |
| 2 | 编号 | 姓名 | 性别 | 班级 | 成绩 | 名次 |
| 3 | 2013002 | 张琳 | 男 | 3 | 501 | |
| 4 | 2013004 | 曹小亮 | 男 | 3 | 603 | |
| 5 | 2013005 | 严玉梅 | 女 | 3 | 539 | |
| 6 | 2013007 | 王淑华 | 男 | 3 | 574 | |
| 7 | 2013008 | 魏晨 | 男 | 3 | 607 | |
| 8 | 2013010 | 汪峰 | 男 | 2 | 611 | |
| 9 | 2013012 | 蒋小娟 | 女 | 2 | 601 | |
| 10 | 2013013 | 沈书清 | 女 | 2 | 576 | |
| 11 | 2013015 | 丁薪 | 女 | 2 | 614 | |
| 12 | 2013016 | 许丽华 | 女 | 2 | 574 | |

**图 5 –5 –2 –32**

**参考答案：** = rank（）

**操作题 21.**（5 分，难度系数 0.75）

如图 5 –5 –2 –33 所示。

对实发工资进行排名。

| 职工工资奖金统计表 | | | | | | | |
|---|---|---|---|---|---|---|---|
| 科室编号 | 姓名 | 性别 | 职称 | 工资 | 奖金 | 实发工资 | 奖金排名 |
| 1001 | 王铁柱 | 男 | 高工 | 2000 | 400 | 2400 | |
| 2001 | 张立功 | 男 | 助工 | 1000 | 280 | 1280 | |
| 1020 | 方成英 | 女 | 工程师 | 1600 | 360 | 1960 | |
| 1001 | 王新美 | 女 | 助工 | 1050 | 300 | 1350 | |
| 1020 | 徐平 | 男 | 工程师 | 1600 | 350 | 1950 | |
| 2001 | 钱林 | 男 | 高工 | 2100 | 410 | 2510 | |
| 2001 | 杨海林 | 男 | 工程师 | 1650 | 370 | 2020 | |
| 1001 | 黄东海 | 男 | 助工 | 900 | 200 | 1100 | |
| 1020 | 刘丽华 | 女 | 高工 | 2100 | 400 | 2500 | |

图 5－5－2－33

**参考答案：** ＝rank（）

**操作题 22.**（3 分，难度系数 0.9）

如图 5－5－2－34 所示。

利用函数求出各学科的学科总分。

| | A | B | C | D | E | F | G | H |
|---|---|---|---|---|---|---|---|---|
| 1 | 学号 | 姓名 | 数学 | 物理 | 化学 | 英语 | 语文 | 个人总分 |
| 2 | 200601 | 王梅 | 88 | 98 | 82 | 85 | 89 | |
| 3 | 200602 | 张平光 | 100 | 98 | 100 | 97 | 100 | |
| 4 | 200603 | 郭建峰 | 97 | 94 | 89 | 90 | 90 | |
| 5 | 200604 | 张宇 | 86 | 76 | 98 | 96 | 80 | |
| 6 | 200605 | 徐飞 | 85 | 68 | 79 | 74 | 81 | |
| 7 | 200606 | 王伟 | 95 | 89 | 93 | 87 | 86 | |
| 8 | 200607 | 沈迪 | 87 | 75 | 78 | 96 | 68 | |
| 9 | 200608 | 曾国芸 | 94 | 84 | 98 | 89 | 94 | |
| 10 | 200609 | 罗劲松 | 78 | 77 | 69 | 80 | 78 | |
| 11 | 200610 | 赵国辉 | 80 | 69 | 76 | 79 | 80 | |

图 5－5－2－34

**参考答案：** ＝sum（）

**操作题 23.**（3 分，难度系数 0.9）

如图 5－5－2－35 所示。

计算往来单位 2014 年和 2015 年的合计。（用函数完成）

| 往来单位 | 2014年 | 2015年 |
|---|---|---|
| 单位-1 | 20000 | 12000 |
| 单位-2 | 30000 | 25000 |
| 单位-3 | 25000 | 14000 |
| 单位-4 | 96000 | 36000 |
| 单位-5 | 78000 | 85000 |
| 单位-6 | 100000 | 120000 |
| 单位-7 | 96000 | 85900 |
| 合计 | | |

图 5－5－2－35

参考答案：=sum（）

**操作题 24.**（3 分，难度系数 0.9）

如图 5－5－2－36 所示。

用函数求出：核定工资总额、合计应发两项。

| 基本工资 | 浮动奖金 | 核定工资总额 | 交通/通讯等补助 | 迟到/旷工等扣减 | 养老/医疗/失业保险 | 合计应发 |
|---|---|---|---|---|---|---|
| 2,500.00 | 1,290.00 | | 150.00 | 0.00 | -80.36 | |
| 2,200.00 | 990.00 | | 0.00 | 0.00 | -80.36 | |
| 2,350.00 | 2,780.00 | | 150.00 | 0.00 | -81.90 | |
| 2,135.00 | 870.00 | | 0.00 | 0.00 | -80.36 | |
| 3,135.00 | 3,480.00 | | 0.00 | -30.00 | -80.36 | |
| 2,135.00 | 1,480.00 | | 0.00 | -30.00 | -80.36 | |
| 2,135.00 | 1,480.00 | | 0.00 | -30.00 | -80.36 | |
| 1,200.00 | 2,010.00 | | 300.00 | 0.00 | -80.36 | |
| 2,225.00 | 1,850.00 | | 0.00 | -45.00 | -80.36 | |
| 2,135.00 | 2,600.00 | | 300.00 | 0.00 | -53.97 | |

**图 5－5－2－36**

参考答案：=sum（）

**操作题 25.**（10 分，难度系数 0.75）

如图 5－5－2－37 所示：

（1）统计品名为“aa”的手机入库数量。

（2）统计品名为“aa”的手机入库金额总和。

| 商品名称 | 品名 | 入库数量 | 入库单价 | 入库金额 |
|---|---|---|---|---|
| 手机 | AA | 10 | 1,200.00 | 12,000.00 |
| 手机 | BB | 2 | 2,500.00 | 5,000.00 |
| 冰箱 | AA | 5 | 1,400.00 | 7,000.00 |
| 冰箱 | CC | 6 | 2,500.00 | 15,000.00 |
| 彩电 | CC | 1 | 2,000.00 | 2,000.00 |
| 彩电 | AA | 10 | 1,000.00 | 10,000.00 |
| 手机 | AA | 4 | 3,000.00 | 12,000.00 |
| 冰箱 | BB | 3 | 1,900.00 | 5,700.00 |

**图 5－5－2－37**

参考答案：=sumif（）

**操作题 26.**（10 分，难度系数 0.75）

如图 5－5－2－38 所示：

（1）根据 F2 单元格的公司名称，在 F3 单元格统计出该公司的销售量总和。

（2）在 F7 单元格统计出月销售量大于 700 套的销售量总和。

| 月份 | 公司名称 | 月销售里 |
|---|---|---|
| 2007年7月 | 北京公司 | 765 |
| 2007年7月 | 广州公司 | 443 |
| 2007年7月 | 香港公司 | 664 |
| 2007年8月 | 南京公司 | 876 |
| 2007年8月 | 福州公司 | 654 |
| 2007年8月 | 深圳公司 | 876 |

| 销里统计 | |
|---|---|
| 公司名称 | 北京公司 |
| 销售统计 | |
| | |
| 统计大于700套的总销里 | |
| 销售统计 | |

图 5－5－2－38

**参考答案：** ＝sumif（）

**操作题 27.**（10 分，难度系数 0. 75）

如图 5－5－2－39 所示。

| 练习要求 | 公式结果 |
|---|---|
| 销售金额大于2000的数值进行求和 | |
| 商品名称为A1的商品相对应的销售金额进行求和。 | |
| 要求为销售金额大于D2单元格的数值进行求和。 | |
| 求商品名称包含“A”的销售金额之和 | |
| 商品名称第四五个字符为“A2”且字符总长度为6个字符的的销售金额之和 | |

| 商品名称 | 销售金额 |
|---|---|
| A1 | 1,200.00 |
| 000A20 | 2,500.00 |
| B1 | 1,400.00 |
| B1 | 10,000.00 |
| 000A20 | 2,000.00 |
| 000A34E | 1,000.00 |
| A1 | 3,000.00 |
| 000A1 | 100.00 |

图 5－5－2－39

**参考答案：** ＝sumif（）

# 5.6 数据统计

## 知识点 5.6.1 数据的排序（多关键字）

**操作题 1.**（3 分，难度系数 0.9）

如图 5-6-1-1 所示。对数据列表，请按科目编号升序排列。

注意：排序的结果是以行为单位改变上下相邻位置。

| 月 | 日 | 科目编号 | 科目名称 | 金额 |
|---|---|---|---|---|
| 01 | 08 | 410502 | 办公费 | 425.00 |
| 01 | 09 | 410529 | 交通工具费 | 702.00 |
| 01 | 09 | 410518 | 通讯费 | 100.00 |
| 01 | 17 | 410529 | 交通工具费 | 296.00 |
| 01 | 19 | 410529 | 交通工具费 | 40.00 |
| 01 | 19 | 410513 | 低值易耗品 | 125.77 |

**图 5-6-1-1**

**操作题 2.**（5 分，难度系数 0.75）

如图 5-6-1-2 所示。

对数据列表，请依次按“月”“日”升序，“金额”降序排列。

注意：

排序的结果应先按“月”升序排列，“月”数据相等的情况下再按“日”升序排列，“日”数据相等的情况下再按“金额”降序排列。

| 月 | 日 | 科目编号 | 科目名称 | 金额 |
|---|---|---|---|---|
| 11 | 01 | 410529 | 交通工具费 | 205.00 |
| 12 | 02 | 410502 | 办公费 | 24.40 |
| 12 | 02 | 410529 | 交通工具费 | 15.00 |
| 12 | 02 | 410529 | 交通工具费 | 881.00 |
| 07 | 02 | 410529 | 交通工具费 | 473.00 |
| 06 | 02 | 410529 | 交通工具费 | 40.00 |
| 06 | 02 | 410529 | 交通工具费 | 12.00 |

**图 5-6-1-2**

**操作题 3.** （8 分，难度系数 0.6）

如图 5－6－1－3 所示。

对数据列表，请按以下科目名称次序排列：通讯费、应酬费、交通工具费、办公费、低值易耗品、维修费、物料消耗。

| 月 | 日 | 科目编号 | 科目名称 | 金额 |
|---|---|---|---|---|
| 11 | 01 | 410529 | 交通工具费 | 205.00 |
| 12 | 02 | 410502 | 办公费 | 24.40 |
| 12 | 02 | 410529 | 交通工具费 | 15.00 |
| 12 | 02 | 410529 | 交通工具费 | 881.00 |
| 07 | 02 | 410529 | 交通工具费 | 473.00 |
| 06 | 02 | 410529 | 交通工具费 | 40.00 |
| 06 | 02 | 410529 | 交通工具费 | 12.00 |

**图 5－6－1－3**

**参考答案：**先定义序列，再排序。

## 知识点 5.6.2　分类汇总

**操作题 1.** （5 分，难度系数 0.75）

如图 5－6－2－1 所示。

按照月份分别汇总借方金额的总和与平均值。

| 月 | 日 | 凭证号数 | 科目编号 | 科目名称 | 摘要 | 借方 |
|---|---|---|---|---|---|---|
| 04 | 21 | 现-0105 | 550116 | 办公费 | 文具 | 207.00 |
| 04 | 30 | 现-0130 | 550116 | 办公费 | 护照费 | 1,000.00 |
| 04 | 30 | 现-0152 | 550116 | 办公费 | ARP用C盘 | 140.00 |
| 03 | 27 | 现-0169 | 550116 | 办公费 | 打印纸 | 85.00 |
| 04 | 04 | 现-0032 | 550102 | 差旅费 | 差旅费 | 3,593.26 |
| 03 | 06 | 现-0037 | 550102 | 差旅费 | 差旅费 | 474.00 |
| 05 | 23 | 现-0087 | 550102 | 差旅费 | 差旅费 | 26,254.00 |
| 05 | 23 | 现-0088 | 550102 | 差旅费 | 差旅费 | 3,510.00 |
| 05 | 23 | 现-0088 | 550102 | 差旅费 | 差旅费 | 5,280.00 |
| 05 | 23 | 现-0088 | 550102 | 差旅费 | 差旅费 | 282.00 |
| 04 | 30 | 现-0141 | 550123 | 交通工具费 | 出租车费 | 35.00 |

**图 5－6－2－1**

**操作题 2.** （5 分，难度系数 0.75）

如图 5 -6 -2 -2 所示。

请分别按照月份汇总借方金额的总和与按照科目编号汇总借方金额的平均值。

| 日 | 凭证号数 | 科目编号 | 科目名称 | 摘要 | 借方 |
|---|---|---|---|---|---|
| 09 | 现-0024 | 550107 | 邮件快件费 | 邮电费 | 120.00 |
| 22 | 现-0111 | 550121 | 通讯费 | 手机费 | 100.00 |
| 30 | 现-0159 | 550121 | 通讯费 | 手机费 | 100.00 |
| 30 | 现-0159 | 550121 | 通讯费 | 手机费 | 100.00 |
| 30 | 现-0159 | 550121 | 通讯费 | 手机费 | 50.00 |
| 30 | 现-0149 | 550123 | 交通工具费 | 出租车费 | 18.00 |
| 30 | 现-0149 | 550123 | 交通工具费 | 出租车费 | 186.00 |
| 30 | 现-0158 | 550123 | 交通工具费 | 出租车费 | 10.00 |
| 30 | 现-0160 | 550123 | 交通工具费 | 出租车费 | 15.00 |

图 5 -2 -2 -2

**操作题 3.** （8 分，难度系数 0.6）

如图 5 -6 -2 -3 所示。

请分别按照销售地区汇总销售金额的平均值与按照品名汇总数量的总和。

| 销售地区 | 销售人员 | 品名 | 数量 | 单价￥ | 销售金额￥ | 销售年份 | 销售季度 |
|---|---|---|---|---|---|---|---|
| 北京 | 苏珊 | 按摩椅 | 13 | 800 | 10400 | 2005 | 2 |
| 北京 | 白露 | 按摩椅 | 28 | 800 | 22400 | 2006 | 2 |
| 北京 | 白露 | 按摩椅 | 45 | 800 | 36000 | 2006 | 3 |
| 北京 | 赵琦 | 按摩椅 | 20 | 800 | 16000 | 2006 | 4 |
| 北京 | 赵琦 | 按摩椅 | 68 | 800 | 54400 | 2006 | 1 |
| 北京 | 李兵 | 跑步机 | 52 | 2200 | 114400 | 2006 | 1 |
| 北京 | 李兵 | 跑步机 | 30 | 2200 | 66000 | 2006 | 2 |
| 北京 | 李兵 | 跑步机 | 60 | 2200 | 132000 | 2006 | 3 |
| 北京 | 李兵 | 跑步机 | 7 | 2200 | 15400 | 2006 | 4 |
| 北京 | 李兵 | 跑步机 | 52 | 2200 | 114400 | 2006 | 1 |
| 北京 | 白露 | 微波炉 | 27 | 500 | 13500 | 2005 | 4 |
| 北京 | 白露 | 微波炉 | 69 | 500 | 34500 | 2005 | 1 |
| 北京 | 白露 | 微波炉 | 24 | 500 | 12000 | 2006 | 1 |
| 北京 | 赵琦 | 微波炉 | 65 | 500 | 32500 | 2006 | 3 |

图 5 -6 -2 -3

## 知识点 5. 6. 3　数据的自动筛选

**操作题 1.** （5 分，难度系数 0. 75）

如图 5 -6 -3 -1 所示。

对数据列表，按文本特征筛选：请筛选出姓名包括“丽”的职员。

| 工号 | 姓名 | 性别 | 籍贯 | 出生日期 | 入职日期 |
|---|---|---|---|---|---|
| 535353 | 林达 | 男 | 哈尔滨 | 1978/5/28 | 2003/6/20 |
| 626262 | 贾丽丽 | 女 | 成都 | 1983/6/5 | 2003/6/13 |
| 727272 | 赵睿 | 男 | 杭州 | 1974/5/25 | 2003/6/14 |
| 424242 | 师丽莉 | 女 | 广州 | 1977/5/8 | 2003/6/11 |
| 323232 | 岳恩 | 男 | 南京 | 1983/12/9 | 2003/6/10 |
| 131313 | 李勤 | 男 | 成都 | 1975/9/5 | 2003/6/17 |
| 414141 | 郝尔冬 | 男 | 北京 | 1980/1/1 | 2003/6/4 |
| 313131 | 朱丽叶 | 女 | 天津 | 1971/12/17 | 2003/6/3 |
| 212121 | 白可燕 | 女 | 山东 | 1970/9/28 | 2003/6/2 |

**图 5－6－3－1**

**操作题 2.** （5 分，难度系数 0.75）

如图 5－6－3－2 所示。

对数据列表，按数字特征筛选：请筛选出月工资介于 2 000～4 000 元的职员。

| 性别 | 籍贯 | 出生日期 | 入职日期 | 月工资变动日期 | 月工资 | 绩效系数 | 年终奖金 |
|---|---|---|---|---|---|---|---|
| 男 | 哈尔滨 | 1978/5/28 | 2003/6/20 | 2013/5/1 | 4750 | 0.50 | 4,275 |
| 女 | 成都 | 1983/6/5 | 2003/6/13 | 2014/1/1 | 2750 | 0.95 | 4,703 |
| 男 | 杭州 | 1974/5/25 | 2003/6/14 | 2013/5/1 | 2750 | 1.00 | 4,950 |
| 女 | 广州 | 1977/5/8 | 2003/6/11 | 2013/5/1 | 4750 | 0.60 | 5,130 |
| 男 | 南京 | 1983/12/9 | 2003/6/10 | 2014/1/1 | 4250 | 0.75 | 5,738 |
| 男 | 成都 | 1975/9/5 | 2003/6/17 | 2014/1/1 | 3250 | 1.00 | 5,850 |
| 男 | 北京 | 1980/1/1 | 2003/6/4 | 2013/10/1 | 3750 | 0.90 | 6,075 |
| 女 | 天津 | 1971/12/17 | 2003/6/3 | 2013/5/1 | 3250 | 1.10 | 6,435 |
| 女 | 山东 | 1970/9/28 | 2003/6/2 | 2013/10/1 | 2750 | 1.30 | 6,435 |

**图 5－6－3－2**

**操作题 3.** （8 分，难度系数 0.6）

如图 5－6－3－3 所示。

对数据列表，多条件自动筛选：请筛选出在 1980 年后出生且月工资在 3 000 元以上的职工。

| 工号 | 姓名 | 性别 | 籍贯 | 出生日期 | 入职日期 | 月工资变动日期 | 月工资 | 绩效系数 | 年终奖金 |
|---|---|---|---|---|---|---|---|---|---|
| 535353 | 林达 | 男 | 哈尔滨 | 1978/5/28 | 2003/6/20 | 2013/5/1 | 4750 | 0.50 | 4,275 |
| 626262 | 贾丽丽 | 女 | 成都 | 1983/6/5 | 2003/6/13 | 2014/1/1 | 2750 | 0.95 | 4,703 |
| 727272 | 赵睿 | 男 | 杭州 | 1974/5/25 | 2003/6/14 | 2013/5/1 | 2750 | 1.00 | 4,950 |
| 424242 | 师丽莉 | 女 | 广州 | 1977/5/8 | 2003/6/11 | 2013/5/1 | 4750 | 0.60 | 5,130 |
| 323232 | 岳恩 | 男 | 南京 | 1983/12/9 | 2003/6/10 | 2014/1/1 | 4250 | 0.75 | 5,738 |
| 131313 | 李勤 | 男 | 成都 | 1975/9/5 | 2003/6/17 | 2014/1/1 | 3250 | 1.00 | 5,850 |
| 414141 | 郝尔冬 | 男 | 北京 | 1980/1/1 | 2003/6/4 | 2013/10/1 | 3750 | 0.90 | 6,075 |
| 313131 | 朱丽叶 | 女 | 天津 | 1971/12/17 | 2003/6/3 | 2013/5/1 | 3250 | 1.10 | 6,435 |
| 212121 | 白可燕 | 女 | 山东 | 1970/9/28 | 2003/6/2 | 2013/10/1 | 2750 | 1.30 | 6,435 |

**图 5－6－3－3**

## 知识点 5.6.4　数据的高级筛选

**操作题 1.**（10 分，难度系数 0.6）

如图 5－6－4－1 所示。

对数据列表，请用高级筛选的方法筛选出在 1980 年后出生、月工资在 3 000 元以上的职工。所得数据请放在以 A27 单元格开始的单元范围内。

| 工号 | 姓名 | 性别 | 籍贯 | 出生日期 | 入职日期 | 月工资 | 绩效系数 | 年终奖金 |
|---|---|---|---|---|---|---|---|---|
| 535353 | 林达 | 男 | 哈尔滨 | 1978/5/28 | 2003/6/20 | 4750 | 0.50 | 4,275 |
| 626262 | 贾丽丽 | 女 | 成都 | 1983/6/5 | 2003/6/13 | 2750 | 0.95 | 4,703 |
| 727272 | 赵睿 | 男 | 杭州 | 1974/5/25 | 2003/6/14 | 2750 | 1.00 | 4,950 |
| 424242 | 师丽莉 | 男 | 广州 | 1977/5/8 | 2003/6/11 | 4750 | 0.60 | 5,130 |
| 323232 | 岳恩 | 男 | 南京 | 1983/12/9 | 2003/6/10 | 4250 | 0.75 | 5,738 |
| 131313 | 李勤 | 男 | 成都 | 1975/9/5 | 2003/6/17 | 3250 | 1.00 | 5,850 |
| 414141 | 郝尔冬 | 男 | 北京 | 1980/1/1 | 2003/6/4 | 3750 | 0.90 | 6,075 |
| 313131 | 朱丽叶 | 女 | 天津 | 1971/12/17 | 2003/6/3 | 3250 | 1.10 | 6,435 |

**图 5－6－4－1**

**操作题 2.**（10 分，难度系数 0.6）

如图 5－6－4－2 所示。

对数据列表，请用高级筛选的方法筛选出绩效系数在 1（不含）以下或在 1.5（含）以上的职工。所得数据请放在以 A27 单元格开始的单元范围内。

| 工号 | 姓名 | 性别 | 籍贯 | 出生日期 | 入职日期 | 月工资 | 绩效系数 | 年终奖金 |
|---|---|---|---|---|---|---|---|---|
| 535353 | 林达 | 男 | 哈尔滨 | 1978/5/28 | 2003/6/20 | 4750 | 0.50 | 4,275 |
| 626262 | 贾丽丽 | 女 | 成都 | 1983/6/5 | 2003/6/13 | 2750 | 0.95 | 4,703 |
| 727272 | 赵睿 | 男 | 杭州 | 1974/5/25 | 2003/6/14 | 2750 | 1.00 | 4,950 |
| 424242 | 师丽莉 | 男 | 广州 | 1977/5/8 | 2003/6/11 | 4750 | 0.60 | 5,130 |
| 323232 | 岳恩 | 男 | 南京 | 1983/12/9 | 2003/6/10 | 4250 | 0.75 | 5,738 |
| 131313 | 李勤 | 男 | 成都 | 1975/9/5 | 2003/6/17 | 3250 | 1.00 | 5,850 |
| 414141 | 郝尔冬 | 男 | 北京 | 1980/1/1 | 2003/6/4 | 3750 | 0.90 | 6,075 |
| 313131 | 朱丽叶 | 女 | 天津 | 1971/12/17 | 2003/6/3 | 3250 | 1.10 | 6,435 |
| 212121 | 白可燕 | 女 | 山东 | 1970/9/28 | 2003/6/2 | 2750 | 1.30 | 6,435 |
| 929292 | 师胜昆 | 男 | 天津 | 1986/9/28 | 2003/6/16 | 3750 | 1.00 | 6,750 |
| 525252 | 郝河 | 男 | 广州 | 1969/5/12 | 2003/6/12 | 3250 | 1.20 | 7,020 |
| 121212 | 艾思迪 | 女 | 北京 | 1966/5/4 | 2003/6/1 | 3250 | 1.20 | 7,020 |

**图 5－6－4－2**

**操作题 3.**（15 分，难度系数 0.6）

如图 5－6－4－3 所示。对数据列表，请用高级筛选的方法筛选出“顾客”为“天津大宇”“宠物垫”产品的“销售额总计”大于 500 的记录；或者显示“顾客”为“北京福东”“宠物垫”产品的“销售额总计”大于100的记录；或者显示“顾客”为“上海嘉华”“雨伞”产品的“销售额总计”小于400的记录。或者显示“顾客”为“南京万通”的所有记录。所得数据请放在以F12单元格开始的单元范围内。

| 日期 | 顾客 | 产品 | 销售额总计 |
|---|---|---|---|
| 2006/1/1 | 上海嘉华 | 衬衫 | $302.00 |
| 2006/1/3 | 天津大宇 | 香草枕头 | $293.00 |
| 2006/1/3 | 北京福东 | 宠物垫 | $150.00 |
| 2006/1/3 | 南京万通 | 宠物垫 | $530.00 |
| 2006/1/4 | 上海嘉华 | 睡袋 | $223.00 |
| 2006/1/11 | 南京万通 | 宠物垫 | $585.00 |
| 2006/1/11 | 上海嘉华 | 睡袋 | $0.00 |
| 2006/1/18 | 天津大宇 | 宠物垫 | $876.00 |
| 2006/1/20 | 上海嘉华 | 睡袋 | $478.00 |
| 2006/1/20 | 上海嘉华 | 床罩 | $191.00 |

**图5－6－4－3**

# 5.7 数据图表

**操作题1.**（10分，难度系数0.75）

如图5－7－1所示。

以产品列及销售实绩列为数据源在A12：F27单元范围内创建三维簇状柱形图，并按以下要求修饰图表：

（1）图表标题为“2014年销售实绩”，字体“Arial Unicode MS”，字号28磅。

（2）数据系列填充色为标准色－浅绿，阴影类型为外部向右偏移，三维格式为顶端圆形棱台效果、表面材料为金属效果。

（3）网格线为主要横网格线与主要纵网格线。

（4）添加主要纵坐标轴标题，类型为“旋转过的标题”，内容为“销售额”。

（5）在图表5－7－1下方显示数据表。

| 2014年销售实绩 | | | |
|---|---|---|---|
| 城市 | 产品 | 销售计划 | 销售实绩 |
| 北京 | A产品 | 2,000 | 2,010 |
| | B产品 | 2,200 | 2,546 |
| 上海 | C产品 | 2,400 | 2,386 |
| | D产品 | 2,600 | 2,678 |

**图5－7－1**

**参考答案**：如图 5－7－2 所示。

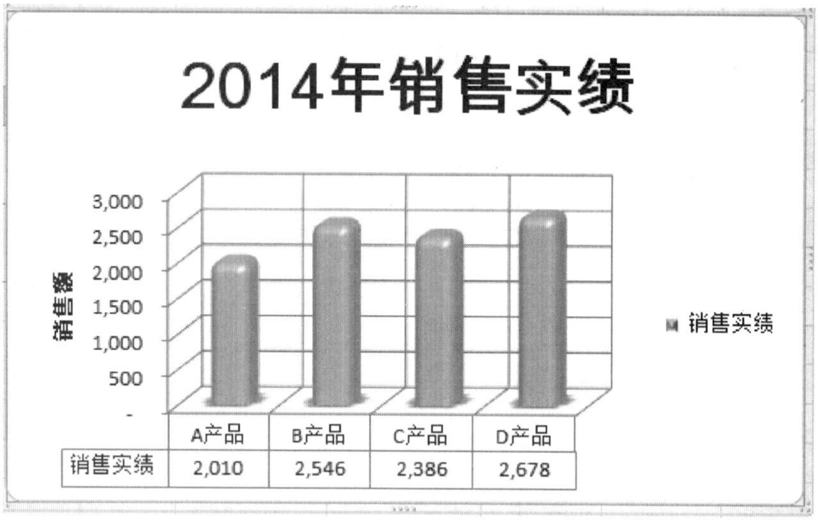


**图 5－7－2**

**操作题 2.** （15 分，难度系数 0. 75）

如图 5－7－3 所示。

以分数段列及人数列为数据源在 A12：F27 单元范围内创建三维分离型饼图，并按以下要求修饰图表：

（1）图表标题为“会计 1301 班成绩统计图”，字体“黑体”，字号 18 磅。

（2）图表样式选择“样式 42”。

（3）图表布局选择“布局 6”。

（4）将图表区域格式填充为“渐变填充”中的“碧海晴天”预设样式。

（5）设置图表区域三维格式为顶端十字形棱台效果、表面效果材料为亚光效果，边框为圆角。

| 会计1301班成绩统计 | | |
|---|---|---|
| 分数段 | 人数 | 比例 |
| 60分以下 | 4 | 8.89% |
| 60－70 | 20 | 44.44% |
| 71－80 | 7 | 15.56% |
| 81－90 | 8 | 17.78% |
| 91－100 | 6 | 13.33% |

**图 5－7－3**

**参考答案**：如图 5－7－4 所示。

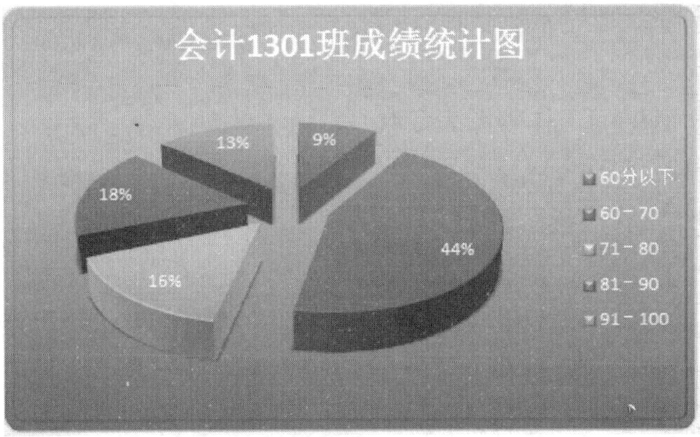


图 5－7－4

**操作题 3.**（10 分，难度系数 0. 75）

如图 5－7－5 所示。

请根据表中的数据，按以下要求制作图表：

（1）图表类型：三维分离饼图。

（2）图表标题：武汉常住人口比例图。

（3）显示图例在上方。

（4）分离图的黄色与紫色部分上移。

（5）所制图表放在 A9：C20 区域。

| 武汉市常住人口年龄构成 | | |
|---|---|---|
| 年龄 | 人口 | 比例 |
| 0-14岁 | 976947 | 0.0998 |
| 15-64 | 8013317 | 0.8189 |
| 65岁及以上 | 795128 | 0.0813 |

图 5－7－5

**参考答案：**如图 5－7－6 所示。

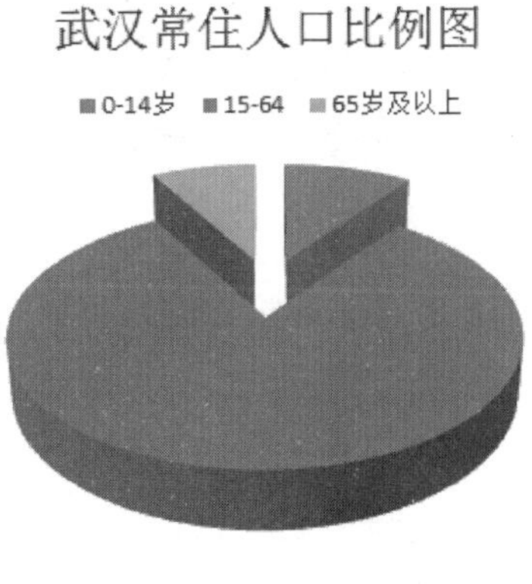


图 5－7－6

**操作题 4.** （15 分，难度系数 0.6）

如图 5 –7 –7 所示。

“华联超市季度销售” 工作表图表参数：

数据源区域：A2：E9；

图表类型：三维簇状柱形图；

系列产生：列；

图表标题：华联超市季度销售额图表，分类（X）轴：华联超市连锁店，数值（Y）轴：销售额（万元）；

图表位置：作为其中的对象插入 A11：G25 区域。

| 华联超市连锁店销售额 | | | | | | (单位:万元 |
|---|---|---|---|---|---|---|
| 名称 | 一季度 | 二季度 | 三季度 | 四季度 | 全年 | 季度平均 |
| 中原店 | 220.34 | 260.27 | 201.90 | 220.33 | 902.84 | 225.71 |
| 凤城店 | 233.10 | 283.96 | 220.36 | 214.54 | 951.96 | 237.99 |
| 双辽店 | 229.98 | 230.45 | 219.83 | 236.76 | 917.02 | 229.26 |
| 水丰店 | 231.14 | 259.35 | 239.66 | 254.33 | 984.48 | 246.12 |
| 长阳店 | 213.53 | 298.48 | 218.64 | 244.57 | 975.22 | 243.81 |
| 长岭店 | 278.51 | 286.34 | 238.22 | 264.30 | 1067.37 | 266.84 |
| 长海店 | 200.54 | 239.78 | 221.25 | 250.23 | 911.80 | 227.95 |

**图 5 –7 –7**

**参考答案：**如图 5 –7 –8 所示。

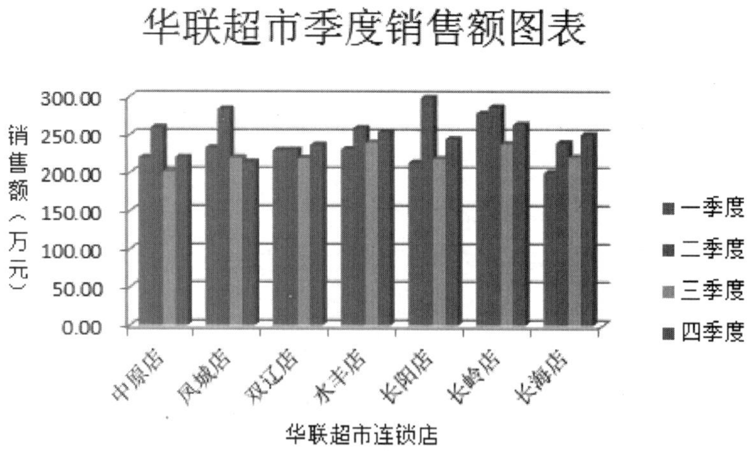


**图 5 –7 –8**

# 第 6 章　多媒体软件应用

## 知识结构框图

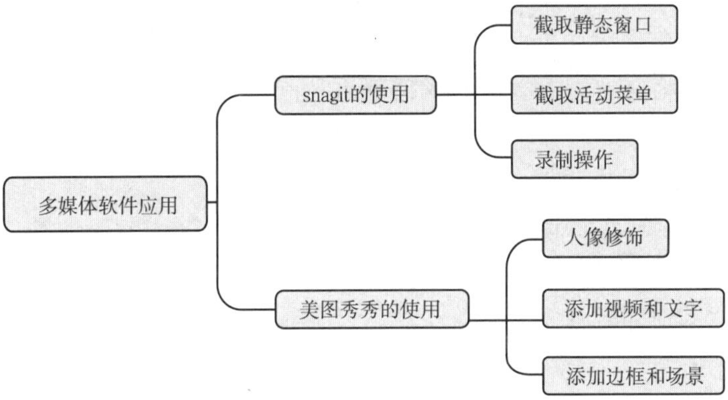


## 知识点及学习要求

| 知　识　点 | 学习要求 | | | |
|---|---|---|---|---|
| | 知识要求 | | 操作要求 | |
| | 了解 | 掌握 | 会 | 熟练 |
| **第 6 章　多媒体软件应用** | | | | |
| **6.1　snagit 使用** | | | | |
| 6.1.1　截取静态窗口 | | | | √ |
| 6.1.2　截取活动菜单 | | | | √ |
| 6.1.3　截取全屏 | | | | √ |
| 6.1.4　录制操作 | | | | √ |
| **6.2　美图秀秀使用** | | | | |
| 6.2.1　人物照片处理 | | | | √ |

# 6.1 snagit 使用

## 知识点 6.1.1 截取静态窗口

**操作题 1.** （难度系数 0.9）

请用 snagit 将武汉市财政学校的主页 www. whsczxx. com 完整地抓取成一个 jpg 格式的图片，保存名为“财校. jpg”。

**操作题 2.** （难度系数 0.9）

请用 snagit 将武汉市财政学校主页上的文字完整地抓取成一个 txt 文件，文件名为“姓名 . txt”。

**操作题 3.** （难度系数 0.75）

将武汉市财政学校首页中学校的大门抓取一个不规则的图片保存下来，文件名为“美美财校 . jpg”。

**操作题 4.** （难度系数 0.9）

将武汉市财政学校首页中的所有图片都保存下来，并以“财校全景”作为文件夹名放在桌面上。

**操作题 5.** （难度系数 0.9）

打开武汉热线 www. wuhan. net. cn，将其主页中的文字保存为“武汉 . txt”。

## 知识点 6.1.2 截取活动菜单

**操作题 1.** （难度系数 0.6）

打开我的电脑，将组织菜单——布局——菜单栏两级菜单抓取下来并保存名为“两级菜单 . jpg”。

**操作题 2.** （难度系数 0.6）

打开 IE 浏览器，将“工具”按钮——文件——全屏两级菜单抓取下来并保存名为“多级菜单 . jpg”。

## 知识点 6.1.3 截取全屏

**操作题 1.** （难度系数 0.75）

将武汉市财政学校首页 www. whsczxx. com 窗口缩小一些，用 snagi 获取一个滚动窗口并恰当美化，并保存，文件名为“财校一览 . jpg”。

**操作题 2.** （难度系数 0.75）

打开资源管理器——C 盘——program files，并将窗口尽可能缩小，用 snagi 获取一个滚动窗口，保存文件名为“程序. jpg”。

## 知识点 6.1.4 录制操作

**操作题 1.** （难度系数 0.6）

将武汉市财政学校首页中的学校视频捕捉下来（不带声音）并保存文件名为“财校介绍.avi”。

**操作题 2.** （难度系数 0.6）

打开腾讯首页 www.qq.com，将其主页上中的今日热播中的视频捕捉下来，保存文件名为“今日热播.avi”。

# 6.2 美图秀秀使用

## 知识点 6.2.1 人物照片处理

**操作题 1.** （难度系数 0.75）

根据提供的素材图片，利用编辑工具中的裁剪将照片进行裁切修正。

素材图片

效果图

**操作题 2.** （难度系数 0. 75）

根据提供的素材图片，利用编辑工具中裁剪、旋转将照片进行修正。

素材图片

效果图

**操作题 3.** （难度系数 0. 75）

根据提供的素材图片，对曝光不足的照片进行编辑（对照片亮度、对比度、饱和度进行调整）。

素材图片

效果图

**操作题 4.** （难度系数 0.75）

根据提供的素材图片，对曝光过度的照片进行编辑（对照片亮度、对比度、饱和度等进行调整）。

素材图片

效果图

# 第 7 章　演示文稿软件应用

## 知识结构框图

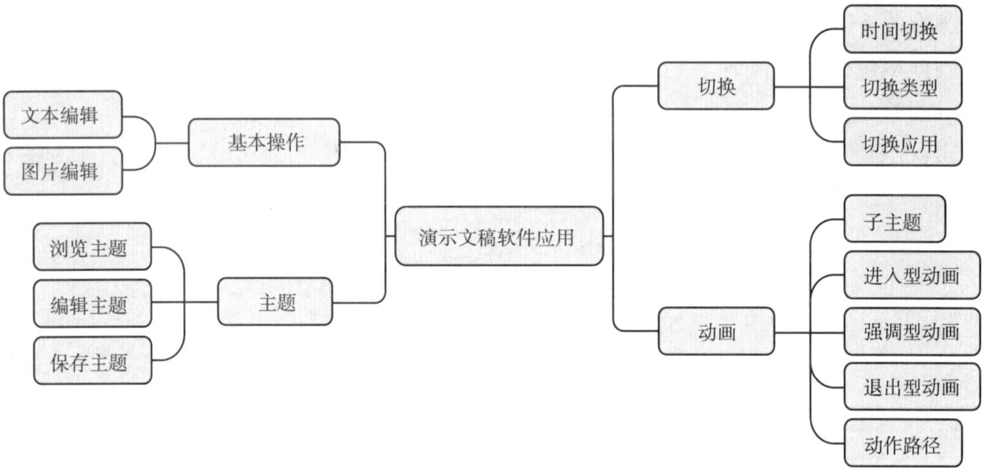


## 知识点及学习要求

| 知　识　点 | 学习要求 | | | |
|---|---|---|---|---|
| | 知识要求 | | 操作要求 | |
| | 了解 | 掌握 | 会 | 熟练 |
| **第 7 章　演示文稿软件应用** | | | | |
| **1. PowerPoint 2010 启动、保存与关闭** | | | | |
| 幻灯片的新建、删除和移动 | | √ | | √ |
| **2. 演示文稿的输入和编辑** | | √ | | √ |
| 幻灯片设计主题 | | √ | | √ |
| 插入文本 | | √ | | √ |
| 插入图片 | | √ | | √ |
| **3. 演示文稿的修饰** | | | | |
| 幻灯片切换 | | √ | | √ |
| 自定义动画 | | √ | | √ |
| **4. 演示文稿的放映** | | √ | | √ |
| 观看放映 | | √ | | √ |

**操作题 1.**（100 分，难度系数 0.75）

1. 新建三张幻灯片。（5 分）

2. 三张幻灯片全部应用“波形”主题。（5 分）

3. 全部使用“分割”切换效果。（10 分）

4. 在第一张幻灯片中插入艺术字“世界杯来了”，第四行第五列样式，华文彩云，加粗，96 号，上下左右居中，文本转换效果为“双波形 2”。给艺术字添加动画“弹跳”，默认参数。（20 分）

5. 在第二张幻灯片中插入文字“足球明星”，幼圆，60 号，加粗，橙色。设置该文字动画为“缩放”，与上一动画同时。（10 分）

6. 第二张幻灯片中插入“足球明星”文件夹中的四张图片，调整大小，位置自由，将所有图片动画设置为“淡出”，上一动画之后。（20 分）

7. 在第三张幻灯片中插入文字“足球明宝贝”，幼圆，60 号，加粗，橙色。设置该文字动画为“缩放”，与上一动画同时。（10 分）

8. 在第三张幻灯片中插入“足球宝贝”文件夹中的四张图片，调整大小，位置自由，将所有图片动画设置为“随机线条”，上一动画之后。（20 分）

**参考答案：**如图 7－1、图 7－2、图 7－3 所示。

**图 7－1**

图 7－2

图 7－3

**操作题 2.** （100 分，难度系数 0.75）

1. 将主题全部设置成“热”，切换全部设置为“门”。（10 分）

2. 在第一张幻灯片中插入艺术字，样式可自定，文本转换为“双波形 2”，动画设置为“飞入”，中速，按字/词发送，其他参数默认。（15 分）

3. 在第二张幻灯片中插入文字“变形金刚”，华文琥珀，60 号；动画为“随机线条”，与上一动画同时。（10 分）

4. 第二张幻灯片中插入四张图片，调整合适大小、位置，全部设置动画为“淡出”，上一动画之后。（15 分）

5. 在第三张幻灯片中插入文字“哥斯拉”，华文琥珀，60号，动画为“翻转式由远及近”，与上一动画同时。(10分)

6. 在第三张幻灯片中插入四张图片，调整合适大小、位置，全部设置动画为“擦除”，上一动画之后。(15分)

7. 在第四张幻灯片中插入文字“明日边缘”，华文琥珀，60号，动画为“劈裂”，与上一动画同时。(10分)

8. 在第四张幻灯片中插入四张图片，调整合适大小、位置，全部设置动画为“轮子”，上一动画之后。(15分)

**参考答案：**如图7－4至图7－7所示。

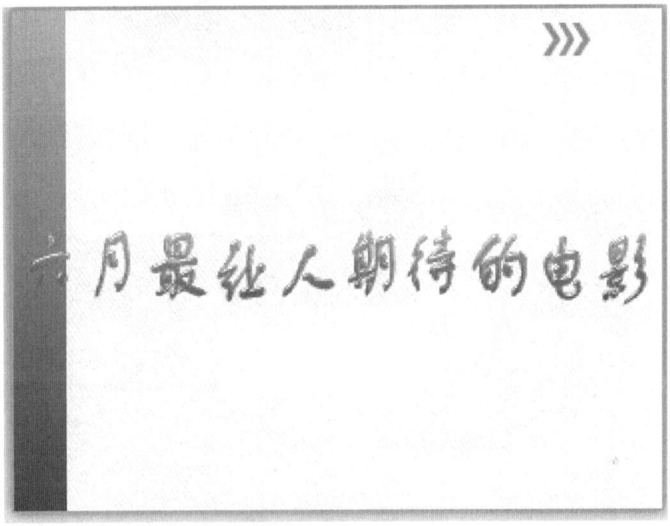


图7－4

图7－5

图 7－6

图 7－7

**操作题 3.** （100 分，难度系数 0.75）

1. 所有幻灯片全部使用“顶峰” 主题。（10 分）

2. 在第一张幻灯片中插入艺术字“神奇的九寨天堂”，第一行第五列样式，“全映像，8pt 偏移量”，华文彩云，54 号，加粗。（10 分）

3. 在第一张幻灯片中插入图片，调整合适大小；将艺术字和图片组合成一个对象，给该对象添加动画，飞入，自右侧，中速（2 秒），与上一动画同时；切换效果为“涡流”，自顶部。（20 分）

4. 第二张幻灯片插入五张图片，样式均为“映像圆角矩形”，取消“锁定纵横比”，高 6 厘米，宽 8 厘米。（10 分）

5. 分别给四张图片添加动画“上浮”，上一动画之后；中间图片动画效果为“缩放”，上一动画之后。切换效果为“框”。(20 分)

6. 在第三张幻灯片插入艺术字“谢谢欣赏”，第四行第一列样式，华文琥珀，96 号，加粗，文字阴影。(10 分)

7. 给艺术字“谢谢欣赏”添加动画“下浮”，与上一动画同时，动画文本“按字母”，字母之间延迟百分比为 20。切换效果为“覆盖”。(15 分)

8. 幻灯片放映方式改为“演讲者放映”。(5 分)

**参考答案：**如图 7－8 至图 7－10 所示。

**图 7－8**

**图 7－9**

图 7－10

操作题 4. （100 分，难度系数 0. 75）

1. 在第一张幻灯片中插入样式为“填充－无，轮廓－强调文字 2”的艺术字“京津城铁试运行”，位置为水平：6 厘米，度量依据：左上角，垂直：7 厘米，度量依据：左上角。(20 分)

2. 第二张幻灯片的版式改为“两栏内容”，在右侧文本区输入“一等车厢票价不高于 70 元，二等车厢票价不高于 60 元。”，右侧文本设置为“楷体”、47 磅。(15 分)

3. 将第四张幻灯片的图片复制到第三张幻灯片的内容区域。(5 分)

4. 在第三张幻灯片的标题文本“列车快速舒适”上设置超链接，链接对象是第二张幻灯片。(10 分)

5. 在第三张幻灯片的备注区插入文本“单击标题，可以循环放映。”。(10 分)

6. 删除第四张幻灯片。(10 分)

7. 第一张幻灯片的背景填充为“渐变填充”，“预设颜色”为“金乌坠地”，类型为“线性”，方向为“线性向下”。(20 分)

8. 幻灯片放映方式改为“演讲者放映”。(10 分)

**参考答案：**如图 7－11 至图 7－13 所示。

图 7－11

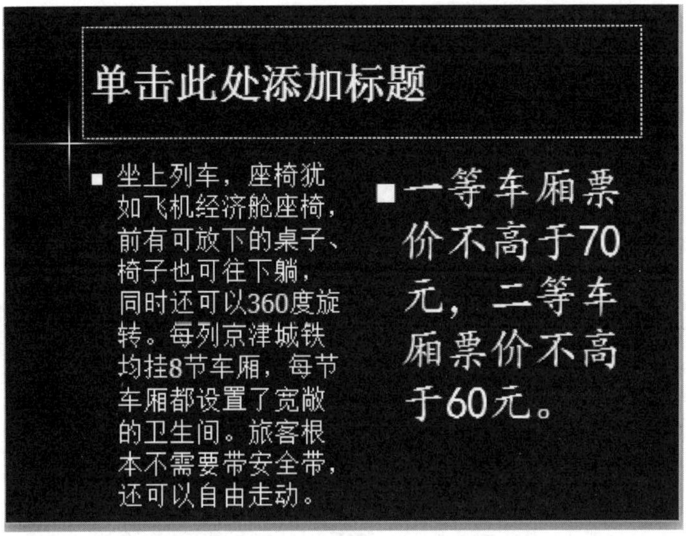


图 7－12

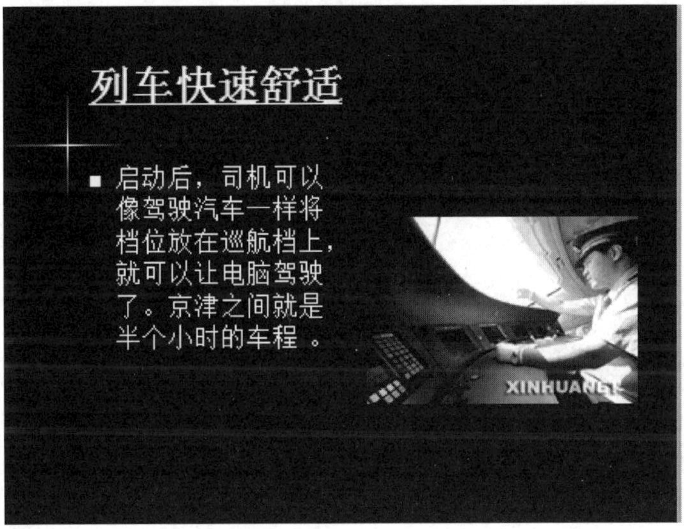


图 7－13

**操作题 5.** （100 分，难度系数 0.75）

1. 在第一张幻灯片后新建五张幻灯片。（5 分）

2. 第二张幻灯片单独用一种主题，第三、四、五张用相同的主题，第六张采用背景为“纹理”中的“水滴”。（25 分）

3. 幻灯片的切换设置均为单击切换。第一、二张为无切换；第三至五张为“垂直百叶窗”；第六张为“闪光”。（15 分）

4. 第二张幻灯片中各文字能分别链接到第三、四、五张幻灯片。（15 分）

5. 第三、四、五张幻灯片上制作返回按钮，单击该按钮返回第二张幻灯片。（10 分）

6. 在第五张幻灯片上输入文字“且行且珍惜”，单击该文字能链接到“且行且珍惜.PPTX”文件。(5分)

7. 在第六张幻灯片上制作艺术字“谢谢观看!”，要求为立体字，动画效果为“回旋”，慢速；在该张幻灯片上插入 gif 动画文件“春雨.gif”。(15分)

8. 其余未说明事宜请参见“效果.wmv”和“布局图. jpg”。(10分)

**参考答案**：如图7－14至图7－19所示。

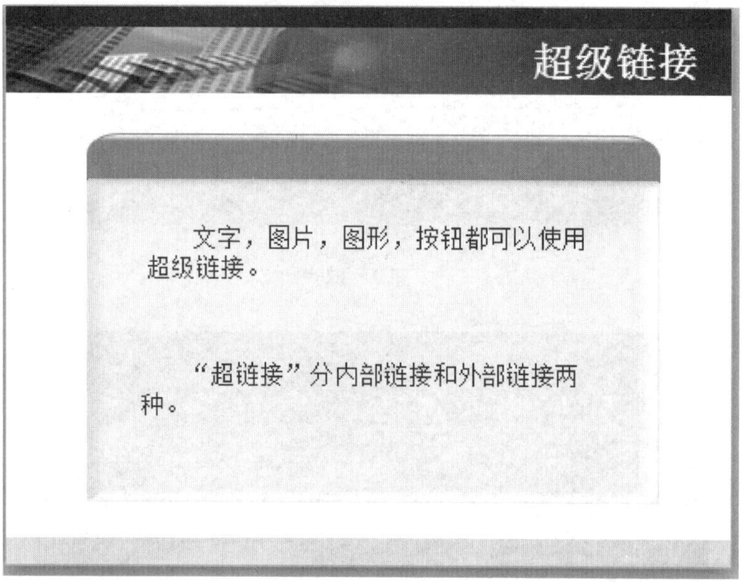


图7－14

图7－15

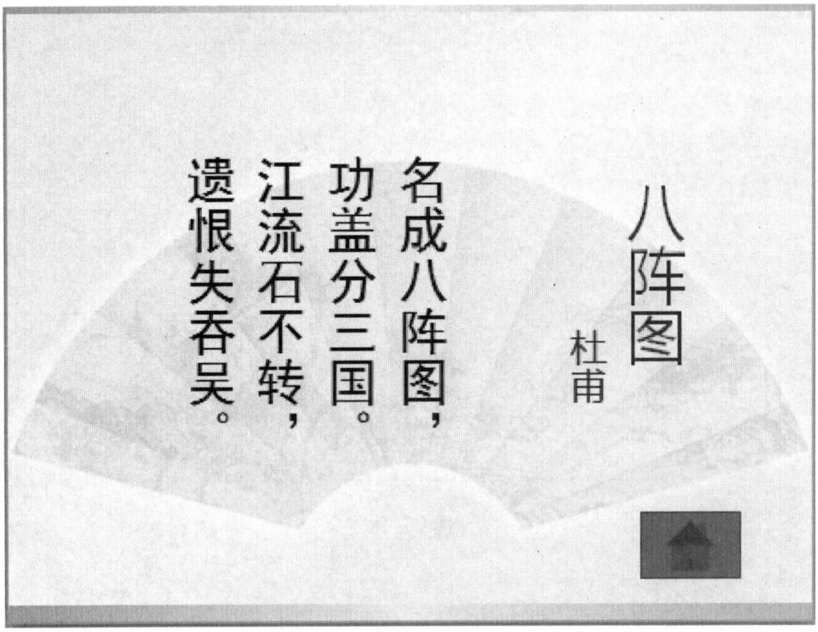
八阵图
杜甫
功盖分三国，
名成八阵图。
江流石不转，
遗恨失吞吴。

图 7－16

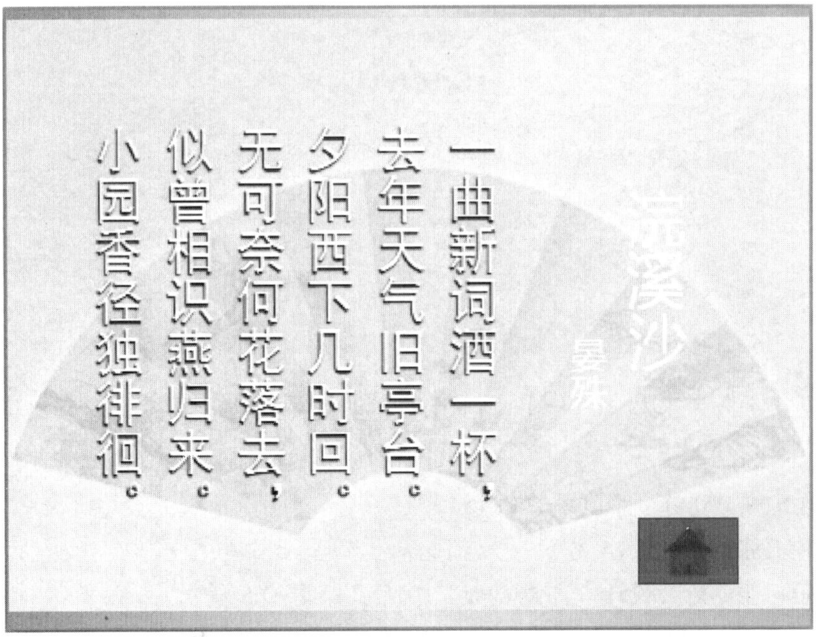
晏殊
一曲新词酒一杯，
去年天气旧亭台。
夕阳西下几时回。
无可奈何花落去，
似曾相识燕归来。
小园香径独徘徊。

图 7－17

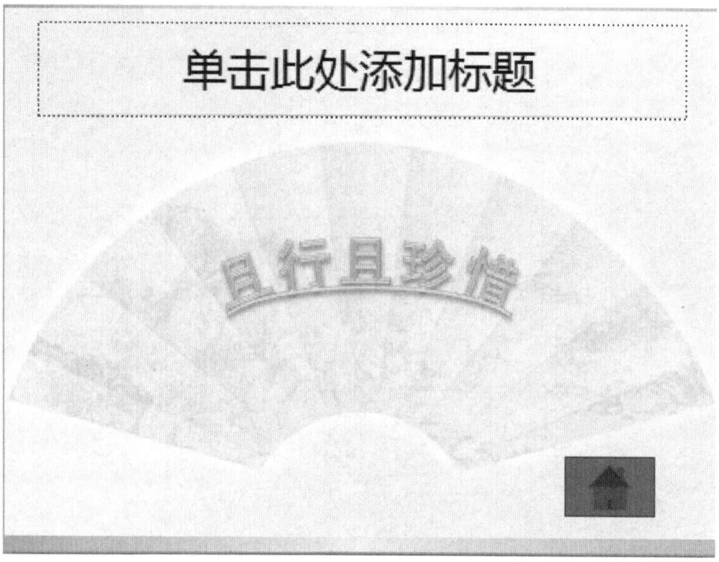


图 7-18

图 7-19

**操作题 6.** （100 分，难度系数 0.75）

1. 新建五张幻灯片。（5 分）

2. 为第一张幻灯片设计“布局 . jpg”中所示背景。（5 分）

3. 设置第二张幻灯片主题为“暗香扑面”，第三至六张幻灯片主题为“凸显”。（10 分）

4. 全部使用“平移”切换效果，单击切换。（5 分）

5. 在第一张幻灯片中制作立体五角星及其动画效果。五角星的动画效果为：飞旋（进入动画）+自定义路径+脉冲（强调动画）。（15 分）

6. 在第一张幻灯片中制作艺术字“明日之星”及其动画效果。艺术字的动画效果为：飞旋（进入动画）+闪烁（2次）（强调动画）+玩具飞车（退出动画）。（10分）

7. 在第一张幻灯片中制作相应的文本“平面设计大赛”及其动画效果。（10分）

8. 第二张幻灯片中各文字能链接到相应页面。（10分）

9. 第三至六张幻灯片上制作返回按钮，单击该按钮返回第二张幻灯片。（10分）

10. 其余未说明事宜请参见“效果. wmv”和“布局图. jpg”。（20分）

**参考答案：**如图7－20至图7－25所示。

图7－20

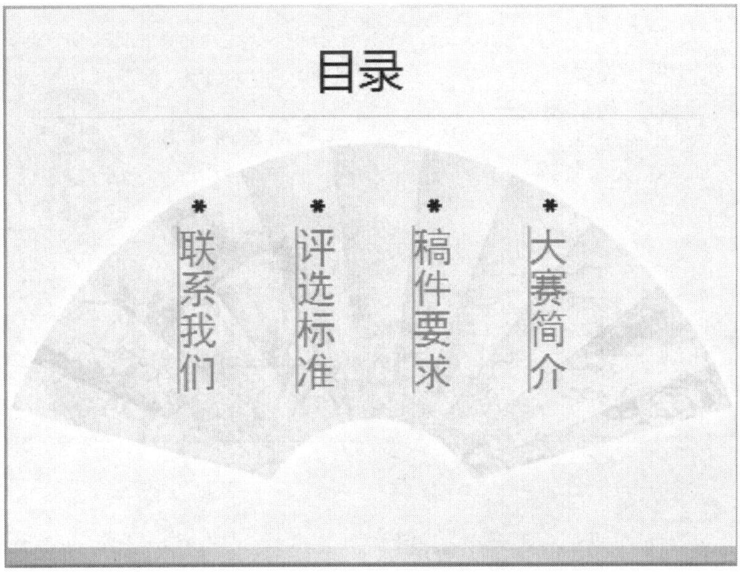


图7－21

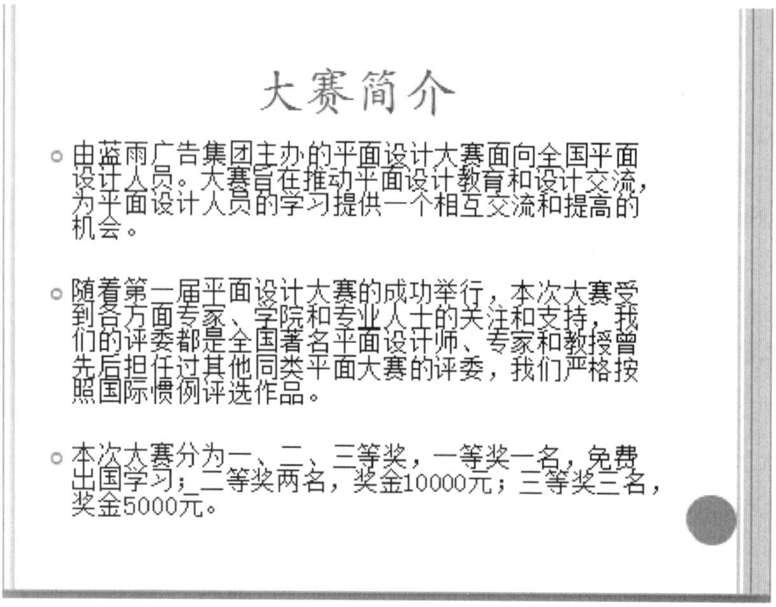
大赛简介
由蓝雨广告集团主办的平面设计大赛面向全国平面设计人员。大赛旨在推动平面设计教育和设计交流，为平面设计人员的学习提供一个相互交流和提高的机会。
随着第一届平面设计大赛的成功举行，本次大赛受到各方面专家、学院和专业人士的关注和支持，我们的评委都是全国著名平面设计师、专家和教授曾先后担任过其他同类平面大赛的评委，我们严格按照国际惯例评选作品。
本次大赛分为一、二、三等奖，一等奖一名，免费出国学习；二等奖两名，奖金10000元；三等奖三名，奖金5000元。

图 7 – 22

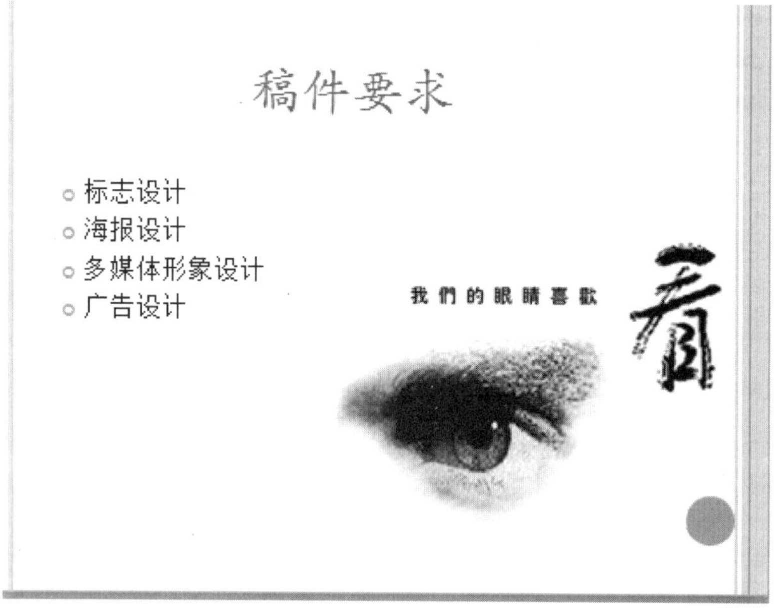
稿件要求
标志设计
海报设计
多媒体形象设计
广告设计
我們的眼睛喜歡
看

图 7 – 23

评选标准
主题表意的准确性；
视觉表现的原创性；
媒体形式的独特性；
表现手法的艺术性。

图 7－24

联系我们
成都市蓝雨广告传播集团
成都市九里堤中路新1号太阳门主楼0319号
邮编：610000
通讯方法：
电话：0086(28)66162385
传真：0086(28)66162385
电子邮件：feixueer@163.com

图 7－25